Carlos Ernesto Flores Tapia
Daniel Nicolás Flores Cevallos
Karla Lissette Flores Cevallos

LÓGICA Y DESARROLLO DEL PENSAMIENTO: teoría y ejercicios

Carlos Ernesto Flores Tapia
Daniel Nicolás Flores Cevallos
Karla Lissette Flores Cevallos

LÓGICA Y DESARROLLO DEL PENSAMIENTO: teoría y ejercicios

Enfoque pedagógico conceptual para el desarrollo de competencias cognitivas, procedimentales y actitudinales

Editorial Académica Española

Imprint

Any brand names and product names mentioned in this book are subject to trademark, brand or patent protection and are trademarks or registered trademarks of their respective holders. The use of brand names, product names, common names, trade names, product descriptions etc. even without a particular marking in this work is in no way to be construed to mean that such names may be regarded as unrestricted in respect of trademark and brand protection legislation and could thus be used by anyone.

Cover image: www.ingimage.com

Publisher:
Editorial Académica Española
is a trademark of
Dodo Books Indian Ocean Ltd. and OmniScriptum S.R.L publishing group

120 High Road, East Finchley, London, N2 9ED, United Kingdom
Str. Armeneasca 28/1, office 1, Chisinau MD-2012, Republic of Moldova, Europe
Managing Directors: Ieva Konstantinova, Victoria Ursu
info@omniscriptum.com

Printed at: see last page
ISBN: 978-613-9-43413-8

PRÓLOGO

En un mundo donde la capacidad de pensar de manera crítica y lógica es crucial para el desarrollo personal y profesional, este libro, "Desarrollo del Pensamiento: teoría y ejercicios", emerge como una guía integral diseñada para fortalecer las competencias cognitivas, procedimentales y actitudinales de los estudiantes. Pues, mediante una combinación equilibrada de teoría fundamentada y ejercicios prácticos, esta obra no solo busca ampliar el entendimiento conceptual, sino también fomentar habilidades prácticas que puedan ser aplicadas de manera efectiva y significativa en diversos contextos.

En consecuencia, el objetivo principal de este libro es proporcionar a los lectores las herramientas necesarias para desarrollar un pensamiento claro, coherente y estructurado. Desde la lógica conceptual hasta el análisis silogístico, cada unidad está diseñada para cultivar habilidades que permitan operar correctamente con formas lógicas, producir proposiciones significativas y aplicar el razonamiento deductivo de manera efectiva.

Este libro está dirigido a una audiencia amplia y diversa que incluye desde estudiantes y profesionales en campos variados, así como también a docentes interesados en fortalecer sus métodos pedagógicos. Su contenido no solo complementa los currículos educativos existentes, sino que también ofrece una perspectiva integradora que facilita la aplicación práctica de los conocimientos adquiridos en la vida cotidiana y en el ámbito profesional.

El libro se estructura en diversas unidades temáticas, cada una enfocada en aspectos específicos del desarrollo del pensamiento:
1. Lógica y Pensamiento Conceptual: introduce a los lectores en los fundamentos de la lógica como disciplina fundamental para la coherencia del pensamiento y la construcción de conceptos y razonamientos.
2. Lógica y Pensamiento Formal (proposiciones e inferencias): explora la producción y estructuración de proposiciones simples y categóricas, fundamentales para el razonamiento lógico inmediato y la deducción correcta.
3. Lógica y Pensamiento Formal (silogismos): analiza el silogismo categórico como una herramienta esencial del razonamiento deductivo, enseñando su estructura, modos y aplicaciones en diversos contextos académicos y profesionales.
4. Pensamiento categorial: el desarrollo del pensamiento implica estudiar el simbolismo lógico y el cálculo proposicional, facilitando la construcción de argumentos coherentes y la comprensión de

relaciones abstractas mediante la lógica matemática, más clara y poderosa que la lógica antigua.

5. Destrezas del Pensamiento: presenta una serie de ejercicios prácticos diseñados para desarrollar habilidades como la atención, la memoria, la concentración, la creatividad y el discernimiento lógico, fundamentales para un pensamiento crítico y efectivo.

A los académicos, estudiantes, docentes y profesionales interesados en potenciar su capacidad de pensamiento crítico y lógico, este libro representa una oportunidad única para expandir horizontes mentales y mejorar competencias esenciales en el mundo actual. La habilidad de pensar de manera estructurada y argumentativa no solo mejora la capacidad para resolver problemas complejos, sino que también fortalece la capacidad de comunicación y la toma de decisiones informadas. Con una dedicación constante y el uso activo de los recursos que aquí se presentan, cada lector puede esperar no solo comprender mejor los fundamentos del pensamiento lógico, sino también aplicar estos conocimientos de manera transformadora en su vida personal y profesional. Este libro es más que una herramienta educativa; es una invitación a explorar y dominar el arte del pensamiento claro y efectivo. ¡Que esta obra sea un compañero fiel en tu viaje hacia un pensamiento más profundo y una comprensión más completa del mundo que nos rodea!

Los autores

TABLA DE CONTENIDO

1. LÓGICA Y PENSAMIENTO CONCEPTUAL

INTRODUCCIÓN

El conocimiento de la lógica como disciplina permite la coherencia formal del pensamiento y lo ejercita en la correcta construcción de conceptos, proposiciones y razonamientos. El Desarrollo del Pensamiento se sustenta fundamentalmente en la implementación de la lógica dentro de un proceso pedagógico global que involucra a todas las materias del pénsum de estudios y favorece el desarrollo secuenciado de distintos niveles de abstracción y complejidad.

La lógica, como disciplina, en sí misma, posee como cualquier otra ciencia, un conjunto de conceptos y principios que sirven de fundamento a las operaciones lógicas que en ella se ejercitan y que constituye su marco teórico, un método y un objeto de estudio, el lenguaje.

De ahí que, la lógica, en tanto que ciencia formal, mantenga una posición "privilegiada" con respecto a los demás campos del saber por su naturaleza de mayor abstracción y, como tal, puede relacionarse con cualquiera de ellos, especialmente con la ciencia, el lenguaje y la vida cotidiana.

Desarrollar el pensamiento implica vincularse con los procesos lógicos como su fundamento. Por tanto, introducir al estudiante en el conocimiento básico de los conceptos y principios lógicos, así como comprender que, pensar sobre las cosas significa asignarles atributos que pueden ser calificados en clases y, éstas, a su vez, involucran determinadas relaciones lógicas es el tema de estudio de esta primera unidad.

PROPÓSITOS

1. COGNITIVO: Comprender que el pensamiento lógico se desarrolla en base a estructuras o formas expresadas en conceptos.

2. PROCEDIMENTAL: Desarrollar habilidades para resolver ejercicios que involucran principios lógicos, construcción de conceptos y álgebra de clases.

3.- ACTITUDINAL: Demostrar actitudes de valoración de la lógica como reflexión coherente y sistemática sobre la responsabilidad ante la propia vida y la de los demás.

CONTENIDOS

COGNITIVOS:

* La lógica como ciencia.
* Conceptos fundamentales.
* El lenguaje.
* Leyes de la lógica.
* Estructuras del pensamiento.
* Concepto.
* Predicado.
* Clase.

PROCEDIMENTALES:

* Ejercitación de los principios lógicos.
* Construcción de conceptos.
* Resolución de ejercicios utilizando la lógica de predicados.

ACTITUDINALES:

* Valoración del pensamiento lógico.
* Reflexión crítica sobre los valores morales, políticos, estéticos y otros que están implícitos en sus razonamientos y que ordenan y dan coherencia a su vida.
* Responsabilidad en la utilización de tos conocimientos.

I. DIAGNÓSTICO Y NIVELACIÓN

OBJETIVO: Estructurar, a partir de las experiencias cotidianas, una noción de lógica que permita diagnosticar los conocimientos previos.

LECTURA

1.1. ENSEÑAR A PENSAR

"¡Piensa!" ¿Quién no ha recibido esa amonestación muchas veces? De los padres, de los maestros, de los jefes, de los políticos y de otros promotores de ideas, ideales e ideología. Buena recomendación, sin duda. Pero una buena recomendación presupone que la persona que la recibe sabe cómo seguirla. Y, sin embargo, ¿qué pruebas hay de que sea así en realidad? Podemos imaginarnos que una persona motivada, al recibir este aviso, conteste con sinceridad: ¿Cómo? En cambio, no es más difícil imaginar una respuesta útil a esta pregunta. Por supuesto que es mucho más fácil recomendar a la gente que piense, que decirle cómo debe hacerlo.

Parte de la dificultad se debe tal vez al hecho de que la palabra "pensar" se emplea generalmente en toda una serie de acepciones Consideremos los ejemplos siguientes:

1. ¿Qué piensas de fulano?
2. Pienso que éste es el que he visto, pero no estoy seguro.
3. Cuando pienso en mi niñez, me pongo nostálgico.
4. No me detengo a pensar en eso.
5. Uno debería pensarlo detenidamente antes de tomar una decisión.

Los anteriores ejemplos podrían parafrasearse así:

1. ¿Cuál es tu opinión, o tu actitud, con respecto a fulano?
2. Pensar es sinónimo de "creer".
3. Pensar es sinónimo de "recordar".
4. Pensar en, equivale a "considerar".
5. Pensarlo, podría sustituirse por "reflexionar, ponderar, razonar o deliberar".

Los dos últimos ejemplos son los que mejor representan lo que entendemos por pensar. Esto no quiere decir que los otros no nos importen; sin duda alguna las actitudes, creencias y procesos de la memoria tienen un interés considerable y, obviamente, tiene que considerarse en cualquier intervención pedagógica seria y prospectiva, Pero nos centraremos en el pensamiento intencionado, resuelto y orientado hacia un objetivo o, si se prefiere, un pensamiento con el fin expreso de hacer realidad algún objetivo específico.

ACTIVIDAD N°1

1. ¿Qué significa pensar?

2. ¿Por qué es importante pensar eficazmente?
a)

b)

c)

d)

e)

3. Comente la frase: "EL SIGLO XXI ES PARA LOS QUE PIENSAN".

IMPORTANTE

1.2. APRENDIZAJE DE LA CAPACIDAD INTELECTUAL

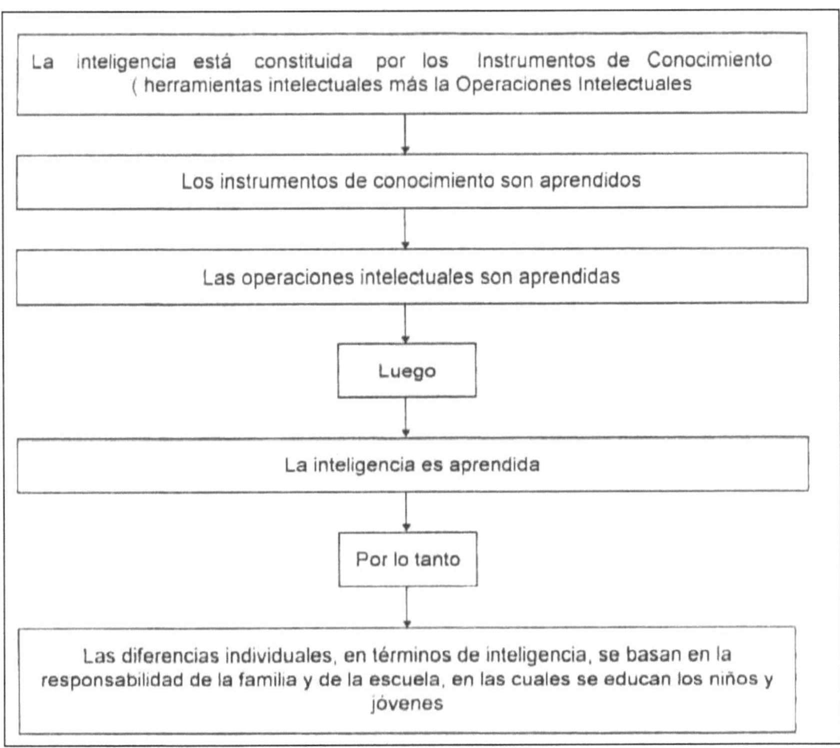

ACTIVIDAD Nº 2

1. ¿Qué factores sociales, psicopedagógicos y familiares influyen en el desarrollo evolutivo de los individuos?

SOCIALES	SICOPEDAGÓGICOS	FAMILIARES

2. Comente la frase: "UNA SEMILLA EXCEPCIONAL SOLO GERMINA EN TERRENOS ABONADOS Y FÉRTILES".

3. ¿Considera Ud. que sea posible que todos los niños y jóvenes estudiantes adquieran una capacidad intelectual sobresaliente, ¿cómo lograrlo?

II. APROXIMACIÓN

OBJETIVO: Comprender que el concepto de lógica es diferente del significado atribuido comúnmente.

IMPORTANTE

1.3. CICLO EVOLUTIVO DE LA CAPACIDAD INTELECTUAL

EDAD	CICLO	INSTRUMENTOS DEL CONOCIMIENTO	OPERACIONES INTELECTUALES
2 - 6 años	NOCIONAL	• Nociones	▪ Proyección ▪ Introyección
7-11 años	CONCEPTUAL	• Conceptos	• Supraordinación • Infraordinación • Exclusión • Isoordinación
12-15 años	FORMAL	• Conceptos • Proposiciones	• Inducción • Deducción
16 - 21 años	CATEGORIAL	• Categorías	• Codificación • Decodificación

1.4. INSTRUMENTOS DEL CONOCIMIENTO

Nociones: son representaciones simbólicas de la realidad.

Pueden ser:

- CLASALES: perro, gato, mesa...
- RELACIÓNALES: gordo, flaco, bonito, feo...
- OPERACIONALES: jugar, saltar, llorar...

Operaciones intelectuales nocionales:

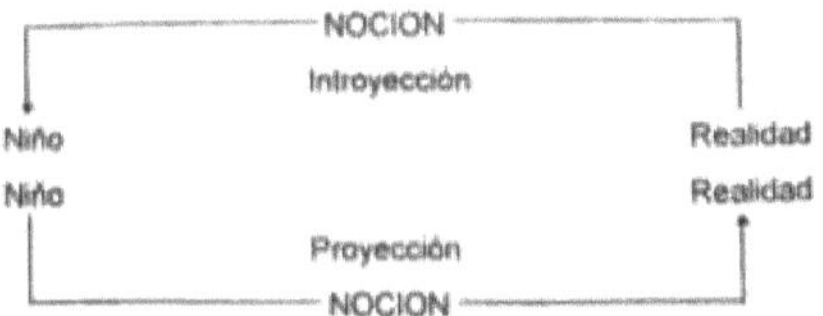

Conceptos: Conjunto de propiedades posibles de predicar de una clase o de una relación.

Ejemplo:
PLANETA
1. Cuerpo celeste
2. Gira alrededor de una estrella
3. Sigue una órbita determinada
4. No posee luz propia
5. etc.

Pueden ser:

- CLASALES: sillas, libros, árboles...
- RELACIONALES: mayor que, amigo de, hermano de...
- OPERACIONALES: gritar, sumar, leer...

Proposiciones: Formas del pensamiento que se caracterizan por afirmar o negar algo sobre los objetos.

Algunos hombres son periodistas.
Algunos estudiantes no son músicos.

Cadenas de razonamiento: Se les denomina también cadenas de proposiciones.

Todos los hombres son mortales.
Juan es hombre.
Luego. Juan es mortal.

Categoría: Estructura del pensamiento que incluye proposiciones y razonamientos encadenados lógicamente. Ejemplo: Estado, Hombre...

1.5. OPERACIONES INTELECTUALES CONCEPTUALES

a. Supraordinación: consiste en incluir (supraordinar) la clase singular *o* particular en la clase más general.

La clase "gatos" está supra ordinada a la clase "mamíferos".

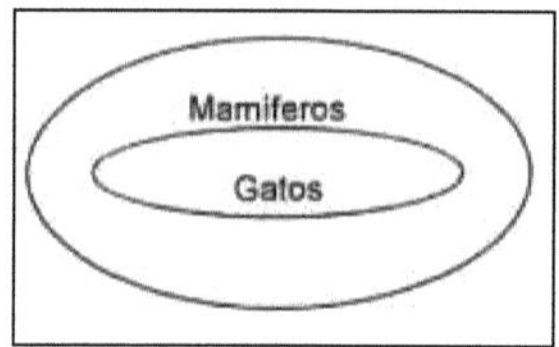

b.   Infraordinación: es la operación inversa a la supra ordinación. Consiste en subdividir (contener) una clase más general en una o algunas particulares o singulares.

La   clase "animales" está infra ordinada a la clase "vertebrados".

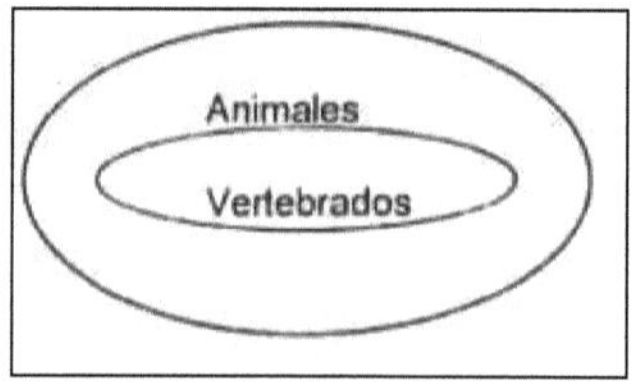

c. **Isoordinación:** *c*uando las clases tienen el mismo nivel de generalidad o tienen la misma extensión no puede incluirse completamente una dase en la otra.

Pero se las coordina lateralmente (Algunos hombres son famosos).

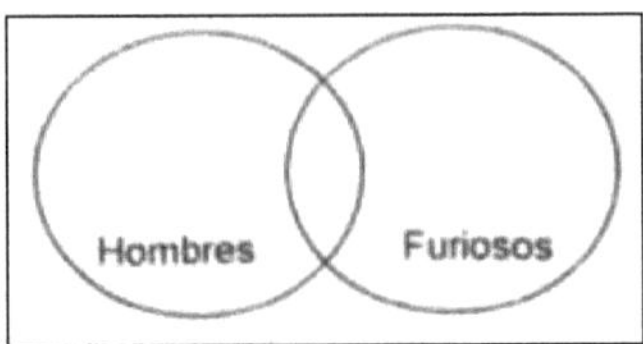

d. **Exclusión:** consiste en separar una clase de otra. (Ningún hombre es inmortal).

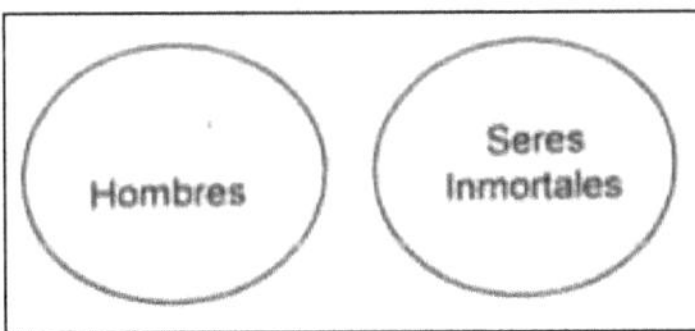

1.6. OPERACIONES INTELECTUALES FORMALES

a) *Inducción:* *a*vanza de hechos o proposiciones particulares a hechos o proposiciones más generales.

b) *Deducción:* consiste en extraer lógicamente un nuevo conocimiento de conocimientos previos, de leyes generales hacia proposiciones particulares.

1.7. OPERACIONES INTELECTUALES CATEGORIALES

a) *Codificación*: operación intelectual que incluye la capacidad de "escribir" o "crear originalmente" una determinada realidad.

b) *Decodificación*: operación intelectual que incluye la capacidad de "leer" o "interpretar críticamente" una determinada realidad.

ACTIVIDAD N°1

l. Escriba dos ejemplos de cada tipo de Instrumentos de Conocimiento.
a) Noción:

b) Concepto:

c) Proposición:

d) Cadenas de razonamiento:

e) Categoría:

2. Estudio de caso

Se había señalado que el conocimiento de la lógica como disciplina permite la coherencia formal del pensamiento y lo ejercita en la correcta construcción de conceptos, proposiciones y razonamientos. El Desarrollo del Pensamiento tiene por ello, como tarea primordial, la implementación de la lógica.

Ahora bien, hay muchas personas que jamás han estudiado lógica, sin embargo, a cada paso se les oye decir: "eso no es lógico" o "aquello es ilógico". ¿Es necesario haber estudiado lógica para saber lógica? ¿La lógica es de dominio común? ¿Las personas nacen sabiendo lógica?

Solución:

3. Estudio de caso

Dos estudiantes de coeficiente intelectual normal que habían asistido a clases normalmente y realizado las tareas con regularidad se someten a los exámenes y aprueban el curso con las mismas calificaciones. Sin embargo, los dos no se esforzaron por igual; mientras el primero preparó los exámenes estudiando, el segundo tan sólo se contentó con rendirlos. ¿Cómo explicar la igualdad en los resultados a pesar de la desventaja del segundo estudiante?

Solución:

IMPORTANTE

1.8. LÓGICA

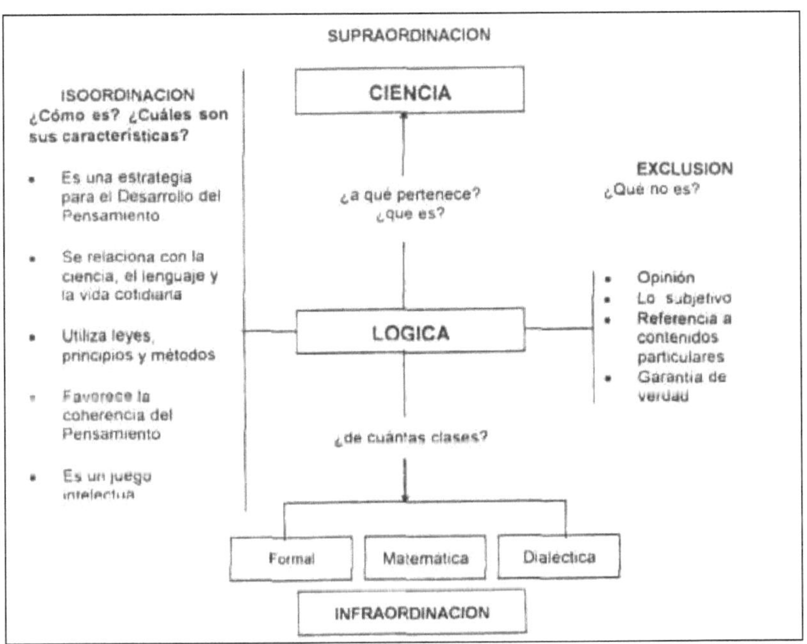

ACTIVIDAD Nº 2

1. La utilización del organizador de ideas deriva en la formulación de proposiciones que son de naturaleza supraordinada, infraordinada, isoordinada o de exclusión. Elabore entonces un listado de proposiciones con respecto al concepto "LÓGICA".

a) La lógica es una ciencia.

b)

c)

d)

e)

f)

III. CONCEPTUALIZACIÓN

OBJETIVO: Comprender que la lógica es un tipo de saber que estudia las reglas de la deducción. Comprender que los principios lógicos norman la construcción de conceptos y éstos, al ser comprendidos como predicados y clases, implican relaciones lógicas.

LECTURA

1.9. GÉNESIS DE LA LÓGICA

La distinción entre "forma" y "materia" juega también un importante papel cuando Aristóteles se dispone a describir como todos los seres humanos reconocen las cosas en el mundo. Al reconocer algo, ordenamos las cosas en distintos grupos o categorías. Veo un caballo, luego veo otro caballo y otro más.

Los caballos no son completamente idénticos, pero tienen algo en común, algo que es igual para todos los caballos y, precisamente, eso que es igual para todos los caballos es lo que constituye la "forma" del caballo. Lo que es diferente o individual pertenece a la "materia" del caballo.

De esta manera los seres humanos andamos por el mundo clasificando las cosas en distintas casillas, Colocamos a las vacas en los establos, a los caballos en la cuadra, a los cerdos en la pocilga y a las gallinas en el gallinero. Coloca los libros en las estameñas, los libros del colegio en la cartera, las revistas en el cajón de la cómoda. La ropa se dobla ordenadamente y se mete en el armario, las braguitas en un estante, los jerséis en otro y los calcetines en un cajón aparte. Date cuenta de que hacemos lo mismo en nuestra mente, distinguimos entre cosas hechas de piedra, cosas hechas de lana y cosas hechas de caucho. Distinguimos entre cosas vivas y muertas y también entre plantas, animales y seres humanos.

Como ves, Aristóteles se propuso hacer una buena limpieza en el cuarto de la naturaleza. Intentó mostrar que todas las cosas de la naturaleza pertenecen a determinados grupos y subgrupos. (Bambo es un ser vivo, más concretamente un mamífero, más concretamente un perro, más concretamente un labrador, más concretamente un labrador macho).

Recoge del suelo cualquier objeto. Sea cual sea el objeto que levantes, descubrirás que lo que estás tocando pertenece a uno de los órdenes superiores El día que veas algo que no sepas clasificar te llevarás un gran susto, por ejemplo, si descubrieras una cosa de la que no supieras decir con seguridad si pertenece al reino animal, al reino vegetal o al reino mineral; apuesto a que ni siquiera te atreverías a tocarla.

Acabo de decir el reino vegetal, el reino animal y el reino mineral. Me estoy acordando ahora de ese juego que consiste en que uno se va fuera, mientras el resto de los participantes en la fiesta deben pensar en algo que el pobre de fuera tiene que adivinar al entrar. Los demás invitados han decidido pensar en el gato llamado Mons, que en ese momento se encuentra en el Jardín del vecino. El que estaba fuera vuelve a entrar y comienza a adivinar. Los demás sólo pueden contestar "si" o "no" Si el pobrecito es un buen aristotélico, y en ese caso no es ningún pobrecito, la conversación podría transcurrir aproximadamente como sigue ¿Es algo concreto? (sí) ¿Pertenece al reino mineral? (no). ¿Es algo vivo? (Sí). ¿Pertenece al reino vegetal? (No). ¿Es un animal?

(Sí), ¿Es un ave? (no) ¿Es un mamífero? (Sí). ¿Es un gato? (Sí) ¿Es Mons? (Acertado).

De manera que fue Aristóteles quien inventó este juego. Aristóteles me un hombre que quiso poner en orden los conceptos de los seres humanos. De esa manera sería quien creara la lógica como ciencia, Señaló varias reglas estrictas para saber que razonamientos o pruebas son lógicamente válidas. Bastará con un ejemplo si primero constato que "todos los seres vivos son mortales" (Primera premisa) y luego constato que "Bambo es un ser vivo" (Segunda premisa), entonces puedo sacar la elegante conclusión de que "Bambo es mortal".

El ejemplo muestra que la lógica de Aristóteles trata de la relación entre conceptos, en este caso "ser vivo" y "mortal". Aunque tengamos que darle la razón a Aristóteles en que la conclusión arriba citada es válida cien por ciento, a lo mejor tendríamos que admitir que no dice nada nuevo. Sabíamos de antemano que Bambo es "mortal" (Es un perro, y todos los perros son seres vivos, que a su vez son "mortales" a diferencia de las piedras del Monte Everest). Sí, lo sabíamos ya. Pero no siempre la relación entre grupos de cosas parece tan evidente. De vez en cuando puede resultar útil ordenar nuestros conceptos.

Me limito a poner un ejemplo: ¿Es posible que esas crías minúsculas de ratón chupen leche de su mamá exactamente igual que los corderos y cerditos? Pensémoslo: lo que sí sabemos, por lo menos, es que los ratones no ponen huevos. De manera que paren hijos vivos, igual que los cerdos y las ovejas. A los animales que paren los llamamos "mamíferos", y los mamíferos son precisamente animales que chupan leche de su madre. Y ya está. Teníamos la respuesta ya en nuestra mente, pero tuvimos que meditar un poco. Nos habíamos olvidado de que los ratones realmente beben la leche de su madre. Quizás se debió a que nunca habíamos visto ratoncitos mamando. La razón es evidente, que los ratones se inhiben un poco cuando se trata de cuidar a sus hijos en presencia de los seres humanos.

Tomado de: Gaarder, J. (1999). *El mundo de Sofía* (38th ed.). Ediciones Siruela.

ACTIVIDAD Nº 1

1. Construya un organizador de ideas sobre la LÓGICA tomando en consideración la lectura anterior.

2. Redacte las proposiciones que se derivan del Organizador de ideas.

3. Responda los siguientes interrogantes:

a) ¿Por qué es lógico que las nubes originen lluvia?

b) ¿Por qué no es lógico que los caballos vuelen?

c) ¿Por qué es lógico que los objetos caigan al suelo?

d) ¿Por qué es lógico que 2 + 2 = 4?

e) ¿Qué orden existe en el movimiento de la Tierra, qué reglas?

f) ¿Qué orden existe en el lenguaje humano, qué reglas?

g) ¿Qué orden existe en el pensamiento, qué reglas?

IMPORTANTE

Tenemos algunos conceptos que guardan estrecha relación con la lógica, los mismos que a través del siguiente ejemplo de razonamiento explicamos:

- TODOS LOS CABALLOS USAN ZAPATOS.
- ALGUNOS PIOJOS SON CABALLOS.
- POR LO TANTO: Algunos piojos usan zapatos.

- *¿Es verdadero o falso este razonamiento?* Es falso porque no existe en la realidad ni que todos los caballos usen zapatos ni que algunos piojos sean caballos. Consecuentemente la conclusión es también falsa.

- *¿Es correcto o erróneo?* Es correcto porque este razonamiento se ajusta a las reglas lógicas.

- *¿Es concreto o abstracto?* Es abstracto porque hace referencia al orden mental, no al orden real.

ACTIVIDAD Nº1

1. Formule un razonamiento, luego identifique la verdad o falsedad, si es correcto o erróneo, si es concreto o abstracto indicando el por qué en cada caso.

2. La lógica guarda relación con el conocimiento científico, con el lenguaje y con la vida cotidiana. Las siguientes preguntas con sus respectivas respuestas le permitirán comprende dicha relación.
a) ¿Pude existir pensamientos e ideas sin ser expresadas en lenguaje?

b) ¿Es posible un lenguaje que no esté organizado lógicamente en signos?

c) ¿Puede darse el conocimiento científico sin lógica?

IMPORTANTE

1.10. PRINCIPIOS LÓGICOS

a. **Principio de identidad:** Todo lo que es, es, [A = A]

b. **No contradicción:** Nada puede ser y no ser al mismo tiempo. [A. -A]

c. **Tercer excluido:** Una realidad es una cosa o es otra. [A v -A]

El uso de los principios lógicos fundamenta la construcción de conceptos, entendidos como representación mental de diversas características de las "cosas" en un atributo esencial que es común,

ACTIVIDAD N°1

1. Responda lo siguiente:
a) ¿Qué identidad común tienen las nubes, la lluvia, los témpanos de hielo y los océanos?

b) ¿Qué es lo que identifica a un indio americano, a un budista de la China, a un astronauta norteamericano y a un cantante español?

c) ¿Cuál es la identidad entre la caída del cabello, el agua que baja de una cascada, un paracaidista y un hombre que tropieza en la calle y se estrella contra el suelo?

IMPORTANTE

Otra aplicación importante de los principios lógicos tiene que ver con la definición, pues toda definición implica una identidad entre el término a definir y los términos que lo definen. La forma de definición más importante es la que se construye por "género próximo" y "diferencia especifica". Ejemplo: el triángulo = figura plana limitada por tres líneas rectas. Género próximo, figura plana. Diferencia específica, limitada por tres líneas rectas.

ACTIVIDAD Nº1

1. Escriba seis definiciones, subraye el género próximo y la diferencia especifica de lo siguientes términos: PERRO. NUMERO, ECONOMÍA, ECUACIÓN, CUADRADO.

a) El perro es un <u>animal</u> que <u>ladra</u>
               G.P   D.E

b)

c)

d)

e)

IMPORTANTE

Los conceptos implican un contenido (comprensión) y un volumen (extensión). El contenido es el conjunto de rasgos esenciales del objeto o clase de objetos El volumen es la cantidad de objetos que se generalizan en él. Por ejemplo, la extensión del concepto planeta se refiere a todos los objetos a los cuales se les atribuye dicho concepto. Mientras que la comprensión son las características particulares que se refieren al concepto planeta, (Giran en una órbita alrededor de una estrella, no poseen luz propia, etc.). Es importante considerar que a mayor extensión (mayor generalización), menor comprensión,

ACTIVIDAD Nº1

1. Identifique en cinco conceptos la extensión y comprensión.
a)

b)

c)

d)

e)

2. Considere los conceptos GALAXIA y ESTRELLA y explique si se cumple o no la consideración que señala; "A mayor extensión, menor comprensión y viceversa".

3. A través de un ejemplo explique la diferencia entre concepto y definición.

IV. DESARROLLO DE HABILIDADES

OBJETIVO: Demostrar habilidad para resolver ejercicios con conceptos utilizando los principios lógicos. Demostrar habilidad en el manejo correcto de los conectores y leyes lógicas en la resolución de ejercicios con clases y relaciones.

IMPORTANTE

1.11. OPERACIONES LÓGICAS

En la formación de conceptos intervienen algunas operaciones lógicas tales como: ANÁLISIS, SÍNTESIS, COMPARACIÓN, ABSTRACCIÓN, GENERALIZACIÓN.

a. *Análisis:* es la desmembración mental de un concepto. Es la separación de sus indicios. Por ejemplo.

    LIBERTAD:
        Estado o forma temporal de un ser vivo.
        Ausencia relativa de ataduras físicas y sociales,
        Valor humano,
        Ha tenido buena parte de responsabilidad en la emancipación del hombre.
        Etc.

b. *Síntesis:* composición mental de un todo por la reunión de sus partes o de sus indicios obtenidos en el análisis. Por ejemplo, dados los indicios:

        Animal cuadrúpedo,
        Doméstico.

Caza ratones.
Maúlla

La síntesis de estos indicios es el concepto GATO.

c. *Comparación:* establecimiento mental de semejanzas y diferencias a partir de indicios substanciales o insustanciales. Por ejemplo: una diferencia entre árbol y piedra, el uno es ser vivo, el otro, ser inerte.

d. *Abstracción:* separación mental de unos indicios del objeto de los demás indicios. Separación de los indicios substanciales, abstrayéndose de tos insustanciales. Por ejemplo, del concepto hombre se abstrae: posee la facultad de razonamiento, capacidad de lenguaje simbólico, puede crear civilizaciones y culturas, etc.

e. *Generalización:* reunión mental de objetos en un mismo concepto. Por ejemplo: dados los objetos pizarra, pupitre, estudiantes, profesor... Si efectuamos la generalización tenemos el concepto AULA.

ACTIVIDAD N°1

1. Efectúe el análisis de dos conceptos.

2. Ejemplifique la operación de síntesis de dos conceptos.

3. Establezca las semejanzas y diferencias de dos conceptos.

CONCEPTO: CONCEPTO:

SEMEJANZAS	DIFERENCIAS

4. Ejemplifique la operación de abstracción de dos conceptos.

5. Con un ejemplo explique la operación de generalización de conceptos.

1.12. LÓGICA DE PREDICADOS (CLASES Y RELACIONES)

A un objeto cualquiera que este sea se le pueden atribuir predicados: "árbol", "libro", "mesa", "casa", "blanco", "bajo", política", "idea", etc. El conjunto de palabras de nuestro lenguaje con las cuales podemos designar un objeto los denominamos predicados.

Entonces decimos:

> Esto es un libro.
> Esto es un árbol.
> Esto es grande.
> Esto es viejo.

Además, podemos negar:

> Esto no es un libro.

Esto no es viejo.

Podemos hacer corresponder a un predicado tanto los objetos a los que lo atribuimos como aquellos otros de los que lo negamos. Así constituimos una región delimitada de objetos a los que justificadamente podemos atribuir un predicado.

Si reemplazamos las anteriores afirmaciones, "Esto es un...", tenemos:

$$X \sum P \Rightarrow X \text{ es } P$$

X =   "esto"... objeto de la predicación.
$\sum$ =   el hecho de la predicación.
P =   predicado.

Para "Esto no es..." escribimos:

$$X\sum{}'P(X\sum P)$$

Un predicado se refiere a un número indefinidamente grande de objetos. La predicación es una acción que repetimos constantemente en el sentido de que permanentemente nos encontramos con objetos a los que podemos atribuir el mismo predicado. Sin embargo, de esto, existen palabras que sólo pueden atribuirse a un solo objeto. Los nombres propios. Quito, Guayaquil, etc. Para poner ese nombre propio a un objeto no necesitamos hacer ningún tipo de predicación. Basta aislarle del mundo y darle un nombre.

Un enunciado elemental es una proposición que contiene un único predicada, afirmado o negado, de un objeto.

$$X \sum P$$
Esto es un perro.

Además, podemos atribuir varios predicados a un mismo objeto. Este es un enunciado compuesto. El perro es grande, el caballo es blanco, la comunicación es parcial, etc. Estos enunciados podemos descomponerlos en enunciados simples. Esto es un perro y esto es grande. O reunirlos; esto es un perro grande.

$$X \sum P_1; X \sum P_2$$
$$X \sum P_1; P_2$$

$$X \sum P_{1;\, P2};\; \dots P_N$$

Es característico de los predicados ser atribuidos a un número tan grande como se quiera, o, al menos, a un número indeterminado de objetos individuales. Por esta razón se concibe reunidos a todos los objetos a los que se puede atribuir un determinado predicado y dar a esta reunión una designación específica: CLASE.

Así, a la reunión de todos los objetos a los que se puede atribuir un predicado P es la clase de todos los P. A la reunión de todos los objetos a los que se les puede atribuir el predicado "caballo" es la clase de todos los caballos y la clase de todos los objetos a los que se les puede atribuir el predicado "negro" es la clase de todos los objetos negros. Si pasamos de un predicado a una clase, podemos decir, en lugar de "esto es P", esto (objeto) es elemento de la clase P y lo simbolizamos:

$$X \sum P$$

DOS PREDICADOS

A un mismo objeto se le puede atribuir dos o más predicados, si esto traducimos al lenguaje de las clases tenemos: un objeto al que atribuimos el predicado P_1 es, por lo tanto, elemento de la clase P_1. De la misma manera si atribuimos al mismo objeto el predicado P_2 es igualmente de la clase P_2.

$$X \sum P_1, P_2 \quad X \text{ es elemento de las clases } P_1, p.$$

Así, un caballo negro es elemento tanto de la clase de los caballos y de la clase de los objetos negros. Podemos descomponerlos y decir: este objeto es elemento de la clase de los caballos y este objeto es elemento de la clase de los objetos negros. Simbolizando de esta manera:

$$(X \sum P_1) \cdot (X \sum P_2)$$

Reemplazamos la P por las iniciales C (caballo) y N (negro).

$$(X \sum C) \cdot (X \sum N) \qquad X \text{ es elemento de la clase de los caballos y X es elemento de la clase}$$
$$\text{de los objetos negros}$$

ACTIVIDAD Nº1

1. Escribir cinco predicados, a la izquierda afirmados, a la derecha negados.

AFIRMADOS	NEGADOS
a	a
b	b
c	c
d	d
e.	e.

2. Escriba cinco nombres propios y explique por qué no necesitan predicación.

3. Escriba cinco enunciados, a la izquierda afirmados, a la derecha negados.

AFIRMADOS	NEGADOS
a	a
b	b
c	c
d	d
e.	e.

4. Simbolice:
   a. Esto es un estero.

   b. Esto no es un árbol.

   c. El colegio es hermoso.

d.   Cisne blanco.

1.13. DIAGRAMACIÓN Y TABLAS DE INCLUSIÓN

DIAGRAMACIÓN:

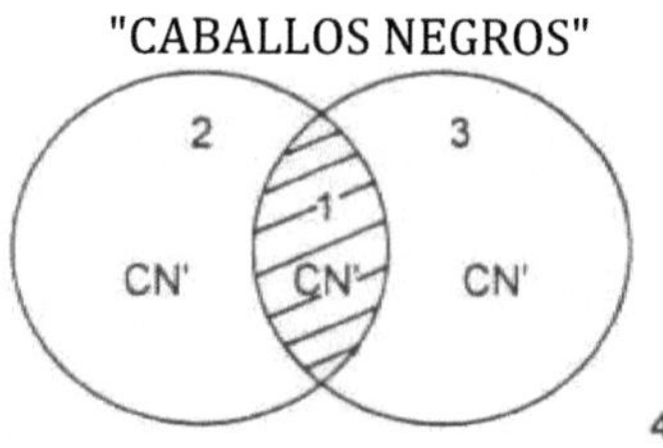

La diagramación nos presenta cuatro regiones lógicas:

1. Caballos Negros
2. Caballos que no son negros.
3. Objetos negros que no son caballos.
4. Objetos que no son ni caballos ni objetos negros,

TABLAS DE INCLUSIÓN:

	CABALLOS	NEGROS
1	SI	SI
2	SI	NO
3	NO	SI
4	NO	NO

Tenemos en cuenta todas las posibilidades en las que participa "caballo", luego todas las posibilidades en las que "caballo" no participa. En cada posibilidad hay dos subcasos: "negro" puede participar o no. En todas estas posibilidades identificamos cuál representa la clase de los caballos negros.

	CABALLOS	NEGROS	CABALLOS.
1	SI	SI	SI
2	SI	NO	NO

| 3 | NO | SI | NO |
| 4 | NO | NO | NO |

Esto significa que, a la clase de los caballos negros pertenecen todos y solo aquellos objetos que son caballos y negros.

Si introducimos la simbología de las clases $\sum$ y $\sum'$, tenemos:

	CABALLOS	NEGROS	CABALLOS.
1	$\sum$	$\sum$	$\sum$
2	$\sum$	$\sum'$	$\sum'$
3	$\sum'$	$\sum$	$\sum'$
4	$\sum'$	$\sum'$	$\sum'$

ACTIVIDAD N°1

1. Diagrame, establezca las regiones lógicas y la tabla *de* inclusión.
a)   Artículos baratos

b)   Deportes peligrosos

c)   Estudiantes trabajadores

1.14. CONEXIONES DE CLASES POR MEDIO DE JUNTORES BÁSICOS

En nuestro idioma existen algunas palabras, letras, elementos tales como: *"y"*, "o", "pero", "sin embargo", "luego", entre otras, denominadas conectivas, conectores o juntores. Dependiendo del juntor, se establecen distintos tipos de relaciones.

Cuando a un objeto X se le atribuyen determinados predicados y es, por tanto, elemento de determinadas clases, surge entre ellas determinadas relaciones. Relaciones que se expresan mediante juntores.

$$(X \textstyle\sum P_1) * (X \textstyle\sum P_2)$$

* Juntor adecuado para expresar un determinado tipo de relación.

1. JUNTOR "Y" (.) (CONJUNCIÓN)

En la conjunción entre dos clases hay elementos sólo en los casos en que el objeto pertenece tanto a la una como a la otra. La clase de los caballos negros corresponde a la clase de todos los objetos que son caballos.

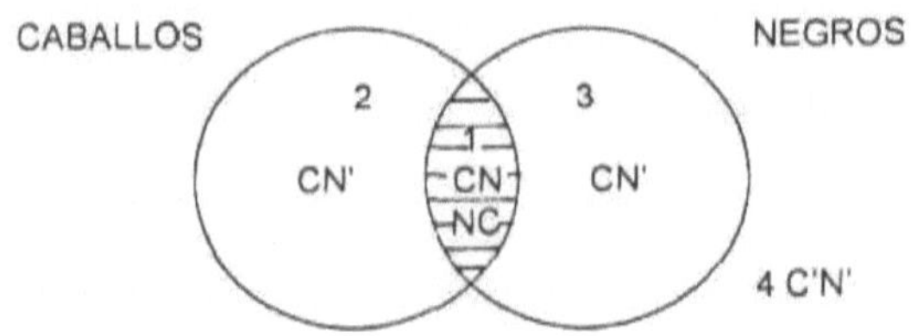

	CABALLOS	NEGROS	CABALLOS.
1	Σ	Σ	Σ
2	Σ	Σ'	Σ'
3	Σ'	Σ	Σ'
4	Σ'	Σ'	Σ'

ACTIVIDAD Nº1

1. Utilizando la conjunción; diagrame, redacte las regiones lógicas y elabore la tabla de inclusión de:

a) Animales salvajes

b) Política-económica-cultural

2. JUNTOR "O" (v) (DISYUNCIÓN INCLUSIVA)

En la disyunción entre dos clases es posible encontrar elementos de la clase P_1, en la clase P_2 o en ambas clases. Es decir, se trata de todos los objetos que pertenecen a una, a otra o a ambas clases.

Es posible la clase que consta de todos los caballos, incluso de los no negros; y la clase de toaos los objetos blancos, incluso los no caballos.

Pertenecen a esta clase, todos los objetos, menos aquellos que no pertenecen a ninguna de las dos clases.

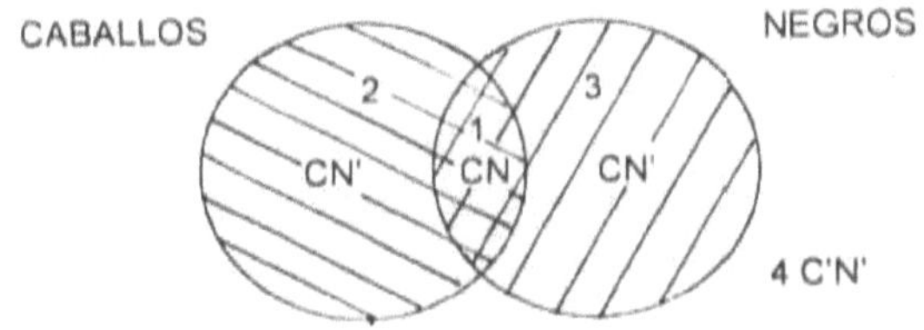

	CABALLOS	NEGROS	CABALLOS v
1	Σ	Σ'	Σ
2	Σ'	Σ'	Σ
3	Σ'	Σ	Σ
4	Σ'	Σ'	Σ'

ACTIVIDAD Nº2

1. Utilizando la disyunción inclusiva; diagrame, redacte las regiones lógicas y elabore la tabla de inclusión.
a) Aviones comerciales

b) Músicos famosos jóvenes

3. JUNTOR "O" (w) (DISYUNCIÓN EXCLUSIVA)

En la disyunción entre dos clases es posible también encontrar elementos solo de la clase P_1, o de la clase P_2, pero no en ambas clases. Es decir, se trata de todos los objetos que pertenecen a la una, o a la otra, pero no a ambas clases.

Es posible la clase que consta de todos los vivos o la clase de todos los muertos, pero no es posible encontrar elementos que participen de las dos clases.

Pertenecen a esta clase, solo los objetos que pertenecen o a la una o a la otra clase, menos aquellos que pertenecen a ambas clases o a ninguna de las dos clases.

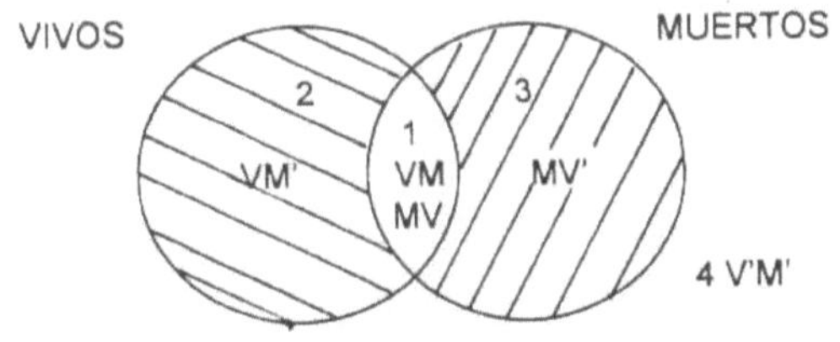

	VIVOS	MUERTOS	VIVOS w MUERTOS
1	Σ	Σ'	Σ'
2	Σ	Σ'	Σ
3	Σ'	Σ	Σ
4	Σ'	Σ'	Σ'

ACTIVIDAD Nº3

1. Utilizando la disyunción exclusiva, diagrame, establezca las regiones lógicas y elabore la tabla de inclusión de:
a) Dia-noche

b) Verdadero-falso-indeterminado

4. JUNTOR "SI... ENTONCES..." (→) (CONDICIONAL)

El juntor si... entonces... establece una relación de inclusión entre clases. Una clase es parte de la extensión de la otra clase: mamíferos y perros. La clase de los perros está incluida en la clase de los mamíferos.

Todo perro es mamífero, sin embargo, hay otros mamíferos además de los perros. Podemos decir que, si X es perro entonces X es mamífero.

Todo elemento de la clase de los perros es también elemento de la clase de los mamíferos, pero no al revés.

$$(X \sum P) \rightarrow (X \sum M)$$

Lo contrario no es válido. Si es mamífero entonces es perro.

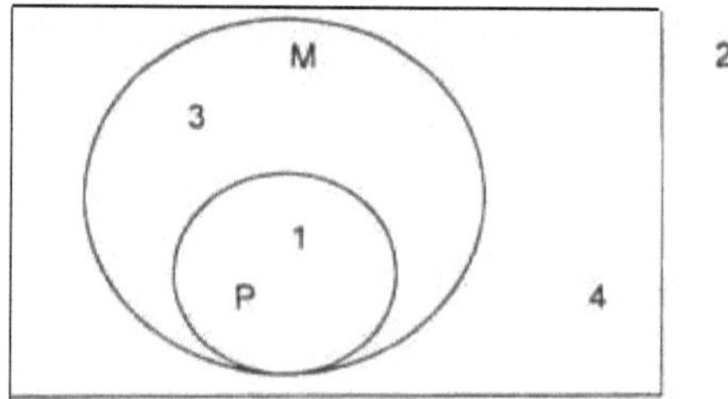

Igualmente, la relación de inclusión entre dos clases da como resultado cuatro regiones lógicas.

1. Los perros que son (están dentro de la clase de los) mamíferos.
2. Los perros que no son mamíferos. (No puede haber perros que no sean mamíferos).
3. Los mamíferos que no son perros.
4. No hay perros que no sean mamíferos.

	PERRO	MAMÍFERO	PERRO → MAMÍFERO
1	$\sum$	$\sum$	$\sum$
2	$\sum$	$\sum''$	$\sum''$
3	$\sum'$	$\sum''$	$\sum$
4	$\sum'$	$\sum''$	$\sum$

ACTIVIDAD N°4

1. Utilizando el condicional, diagrame y elabore la tabla de inclusión de:
a) Figuras geométricas-cuadrado

b) Manzana-fruta-vegetal

5. JUNTOR "SI Y SOLO SI" (↔) (B1CONDICIONAL)

En el bicondicional, los dos predicados de los que surgen las dos clases y sus relaciones son intercambiables entre sí, tienen la misma significación. (Sinónimos).

> X es viejo si y solo si X es anciano.
> X es anciano si y solo si X es viejo.

Si el objeto es viejo entonces también es anciano; y, si el objeto es anciano entonces también es viejo. No es posible ningún objeto que sea un viejo y no sea un anciano.

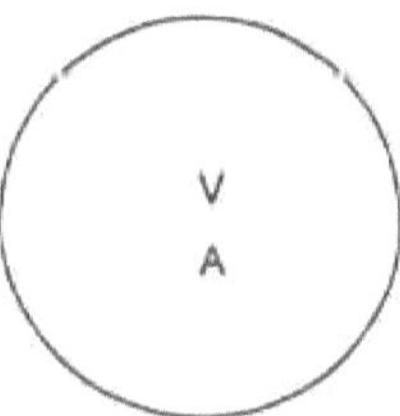

Igualmente, tenemos como resultado cuatro regiones lógicas:

1. Los viejos que son ancianos.

2. Los viejos que no son ancianos.

3. Los ancianos que no son viejos.

4. No hay viejos que no sean ancianos.

	VIEJOS	ANCIANOS	VIEJOS ↔ ANCIANOS
1	Σ	Σ	Σ
2	Σ	Σ'	Σ'
3	Σ'	Σ'	Σ'
4	Σ'	Σ'	Σ

ACTIVIDAD N°5

1. Utilizando el bicondicional; diagrame y elabore la tabla de inclusión de:

a) Humano-Persona

b) Víbora-serpiente-culebra

V. ARGUMENTACIÓN

OBJETIVO: Demostrar habilidades para construir pequeños argumentos utilizando las relaciones entre conceptos extraídos de las lecturas y de la vida cotidiana.

OBSERVACIÓN

Las siguientes actividades correspondientes al nivel categorial, debido a su extensión y para favorecer el cumplimiento del objetivo señalado serán desarrolladas en hojas aparte. Se recomienda que sean efectuadas en computadora. De no ser posible se lo hará con buena letra, cuidando la presentación y calidad requeridas en este nivel.

ACTIVIDAD N°1

1. Seleccione tres conceptos de la vida cotidiana.
2. Elabore el organizador de ideas de cada uno de ellos.
3. Establezca posibles relaciones lógicas entre estos conceptos y elabore proposiciones.
4. Con estas proposiciones redacte un micro ensayo en el cual demuestre un nivel básico de coherencia.

ACTIVIDAD N°2

1. Tomando como referencia la lógica de predicados y las conexiones de clases por medio de juntares lógicos, elabore un micro ensayo con respecto a los conceptos: "Jóvenes-adolescencia".

ACTIVIDAD N°3

1. Escoja un artículo de prensa, de una revista o de un texto que le interese.
2. Elabore una crítica a dicho artículo. Aplique las operaciones lógicas de: análisis, síntesis, comparación, abstracción y generalización con respecto a los conceptos más importantes que allí aparezcan.

ACTIVIDAD N° 4

1. Con las clases: medidas-económicas-injustas, redacte una carta-mensaje en la cual transfiera la conceptualización de lo estudiado a una determinada cosmovisión del hombre y del mundo.

VI. DESARROLLO ACTITUDINAL

OBJETIVO: Demostrar actitudes de reflexión crítica sobre los valores morales, políticos, estéticos y otros que organizan, ordenan y dan coherencia a la vida.

Demostrar actitudes de cooperación en la construcción y sistematización de conceptos a partir del trabajo individual y grupal.

DINÁMICA GRUPAL Nº1

Objetivo: reflexionar colectivamente sobre el aporte del trabajo grupal en la solución de problemas.

Proceso:

a. Observe la siguiente figura

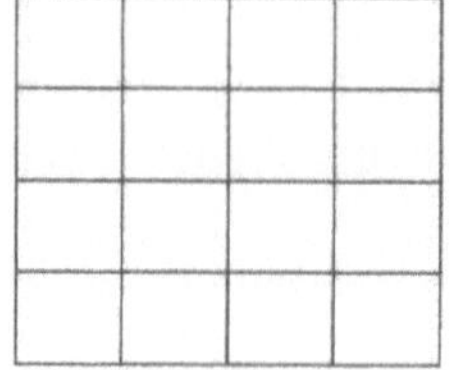

b. Responda personalmente:
¿Cuántos cuadros ve Ud. en la figurara?

c. Reunirse en grupos y contestar:
¿Cuántos cuadros ve el grupo?

d. En plenaria:
¿Cuántos cuadrados ven todos los estudiantes de la clase?

NOTA: Un cuadrado en una figura geométrica que tiene cuatro lados y cuatro ángulos rectos.

Evaluación:

a. ¿Qué sentimientos experimentó mientras trabajaba personalmente, en grupo, con toda la clase?

b- ¿Qué conclusiones puede compartir con respecto al ejercicio realizado?

DINÁMICA GRUPAL N°2

Objetivo: valorar las operaciones con conceptos y su relación con el lenguaje cotidiano y la experiencia personal.

Proceso:

a. Seleccione y diagrame tres conceptos que organizan su existencia.

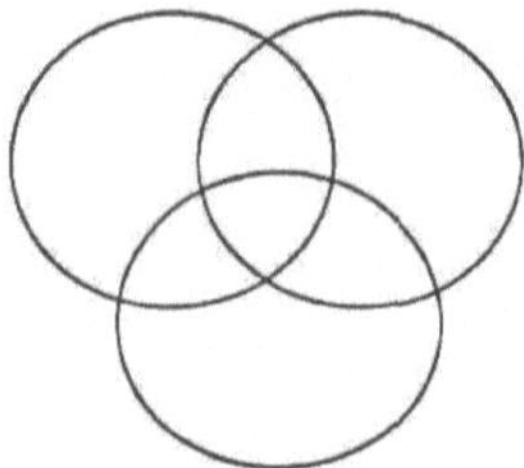

b. Seleccione y diagrame tres principales temores que Ud. tenga.

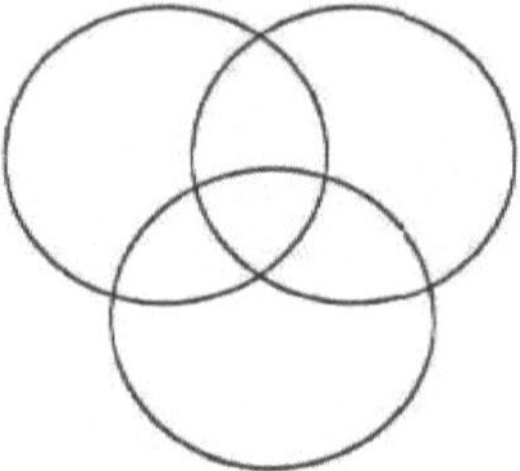

c. Seleccione y diagrame sus tres deseos principales.

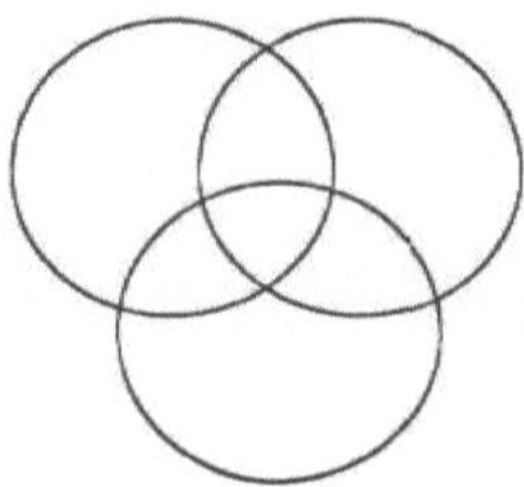

d. Reunirse en grupo y comentar lo realizado.

Evaluación:

a. ¿Cómo puede mejorar y organizar su vida personal?

b. ¿Cómo puede Ud. vencer los temores señalados?

c. ¿Qué puede hacer para lograr sus deseos?

d. ¿Qué significa la frase: "¿Lo importante no es qué debemos enseñar, sino qué queremos aprender"?

DINÁMICA GRUPAL Nº3

Objetivo: demostrar actitudes de creatividad, rigor intelectual y cooperación en la resolución de problemas.

Proceso:

Reunirse en grupos y encontrar la respuesta a los siguientes problemas:

a) Un griego nació el séptimo día del año 40 antes de Cristo, y murió el séptimo día después de Cristo. ¿Cuántos años vivió?
    Respuesta:

b) En un restaurante, un cliente se encontró una mosca en el café. Llamó al camarero e hizo que le trajese una taza nueva. Apenas lomar un sorbo de ella el cliente gritó irritado: " ¡Esta laza de café es la misma que me trajo Ud. ¡Antes!" ¿Cómo pudo saberlo?
    Respuesta:

c) Hace ocho años, recuerdo que Ivanov era exactamente tres veces más viejo que su hijo. Pero precisamente ahora, por cuanto me es conocido, él es dos veces más viejo que su hijo. ¿Cuántos años tiene ahora Ivanov?
    Respuesta:

d) Lo que voy a contar sucedió en 1932. Tenía yo entonces tantos años como expresan las dos últimas cifras del año de mi nacimiento. Al poner en conocimiento de mi abuelo esta coincidencia, me dejó pasmado al contestarme que con su edad ocurría exactamente lo mismo. Me pareció imposible, pero mi abuelo me demostró aquello. ¿Cuántos años teníamos cada uno de nosotros?

Respuesta:

Evaluación:

¿Considera Ud. que se ha cumplido el objetivo planteado? ¿Qué actitudes ha puesto de manifiesto en la resolución de estos problemas?

2. LÓGICA Y PENSAMIENTO FORMAL: proposiciones e inferencias

INTRODUCCIÓN

El Desarrollo del Pensamiento, entendido como la capacidad de operar correctamente con formas lógicas, tiene como parte fundamental la producción de proposiciones. Una proposición es el contenido significativo de un enunciado, sea este afirmativo o negativo. Las proposiciones, además, al igual que las formas lógicas de los conceptos poseen una estructura. En el caso de las llamadas "proposiciones simples o categóricas", la estructura se presenta bajo la forma lógica "S es P" y se distingue en ella elementos tales como "cantidad" y "cualidad".

Conocer la correcta estructuración de las proposiciones simples o categóricas permite acceder al estudio y la producción de formas de razonamiento inmediato. Esto es, una producción de formas de razonamiento en las que, bajo ciertas reglas estrictas, dada la proposición "S es P" es válido deducir inmediatamente otra. Dicho de una manera más simple, de una proposición se concluye una segunda. Por ejemplo, dada la proposición: "Algunos pensadores son hábiles artistas" se concluye, por regla de la conversión que, "Algunos hábiles artistas son pensadores".

El poder formal del pensamiento, suscitado mediante el conocimiento lógico de las proposiciones y las formas de razonamiento inmediato permite no sólo expresar sus ideas de una manera correcta, sino a la vez, aprender con mayor facilidad y fluidez cualquier conocimiento.

PROPÓSITOS

1. COGNITIVO: Comprender que el poder formal del pensamiento se desarrolla mediante el conocimiento lógico de las proposiciones y de las formas de razonamiento inmediato.

2- PROCEDIMENTAL: Desarrollar habilidades para resolver ejercicios que involucran la estructuración de proposiciones y la producción de formas de razonamiento inmediato.

3.- ACTITUDINAL: Demostrar actitudes de valoración de la lógica como reflexión coherente y sistemática acerca de la responsabilidad ante la propia vida y la de los demás.

CONTENIDOS

COGNITIVOS:

* Proposiciones.
* Inferencias inmediatas.

PROCEDIMENTALES:

* Ejercitación de los principios lógicos.
* Construcción de proposiciones.
* Resolución de ejercicios utilizando las reglas de inferencia inmediata.

ACTITUDINALES:

* Valoración del pensamiento lógico.
* Reflexión crítica sobre los valores morales, políticos, estéticos y otros que están implícitos en sus razonamientos y que ordenan y dan coherencia a su vida.
* Responsabilidad en la utilización de los conocimientos.

I. DIÁGNOSTICO Y NIVELACIÓN

OBJETIVO: Comprender, a partir de expresiones cotidianas que, los términos "oración" y "proposición" adquieren en el sentido común diversidad de significados de acuerdo con su contexto y que la idea de "pensamiento" se confunde usualmente con la de "razonamiento".

LECTURA
LLEGÓ AL AULA UN 15 DE MAYO

Llegó al aula un 15 de mayo -día de lluvia-.
Llegó y nos miró a todos dulcemente.
Soy la nueva profesora de filosofía, nos dijo.
Sonrió y entonces fue como si las gotas de lluvia
que sobrevivían sobre su impermeable amarillo
se hubieran convertido en pensamientos.

A todos nos pareció que era muy joven para ser profesora
-y demasiado, para ser profesora de filosofía-
Empecé a pensar en ella por las tardes
justo en el momento en que la radio
acababa un programa de deportes
y empezaba otro de canciones.

De manera sorpresiva ella estuvo presente
en el partido final del intercolegial de fútbol.
En esa ocasión estuve inspirado en el medio campo
e hice uno de los goles que nos dieron el triunfo.
Ella nos entregó la copa de campeones.
Jamás olvidaré a mi profesora de filosofía.

El día del examen final
al presentarle mi trabajo,
me dijo que me parecía a Sócrates.
Me llené de orgullo
y creo que los ojos se me llenaron de lágrimas.

Caminé hacia mi pupitre
como si lo hiciera por el aire.

Era el mejor elogio que había recibido en mi vida.
Yo, parecido a Sócrates,
el gran jugador de fútbol del Corintias,
Sócrates B. S. de Souza Vieira de Oliveira,
el inolvidable medio campista de la selección de Brasil.

Tomado de: Niño, Jairo. (1996): *La alegría de querer*. Editorial
Panamericana, Santafé de Bogotá. Colombia

ACTIVIDAD N°1

1. ¿Pensó, Ud., que la primera cita del nombre Sócrates se refería al jugador de fútbol?

2. ¿Fue interesante el final sorpresivo? Explique su respuesta.

3. ¿Qué lección puede Ud. obtener de esta lectura?

4. Subraye los conceptos en la lectura, luego identifique dos de ellos que:
a. Se excluyan:

b. Se incluyan:

c. Se impliquen:

d. Sean bicondicionales:

5. Utilizando cualquiera del par de conceptos del ítem anterior: diagrame, redacte las regiones lógicas y elabore la tabla de inclusión.

IMPORTANTE

2.1. ORACIÓN Y PROPOSICIÓN

Resulta conveniente caer en cuenta de los significados cotidianos de los términos "oración" y "proposición". Para este fin será de utilidad la siguiente actividad.

ACTIVIDAD Nº1

1. Responda a las siguientes preguntas:
a) ¿Qué es "oración "para un creyente?

b) ¿Qué es "oración" en un discurso político?

c) ¿Qué es "oración " en gramática?

d) ¿Qué significa la expresión "te hago una proposición " cuando se trata de un negocio?

e) ¿Qué significa la expresión "le hago una proposición" cuando se trata de un compromiso?

f) ¿Qué es una proposición en lógica?

IMPORTANTE

Vale tomar en cuenta el alcance que tienen los términos "pensamiento" y "razonamiento" en el lenguaje cotidiano.

ACTIVIDAD Nº1

1. Responda las siguientes preguntas:
a. Para un buen número de personas, en un sentido corriente, ¿es lo mismo pensar que razonar?

b) ¿Puede haber razonamiento sin pensamiento? Ejemplifique su respuesta.

c) ¿Puede haber pensamientos sin razonamientos? Ejemplifique su respuesta.

LECTURA

Al que descompone un reloj le queda el remordimiento de haber matado algo, de haber cometido sacrilegio... Es irreparable su muerte desde que le mata, pero crece esa irreparabilidad hasta lo imposible cuando la mano "relojicida" se empeña en arrancar lo que está más aferrado a sus entrañas y lo arranca... Sobre todo, cuando se habré el rincón cerrado de la cuerda y se la suelta, se siente que el reloj da el último suspiro, que da el suspiro del descanso eterno... Ante el reloj descompuesto se piensa, ¿cuál es el alma, la verdadera alma del reloj, la cuerda o ese sutil y delicado cabello de plata que mueve el volante? "¿Qué has hecho?, ¿qué has hecho?", nos dice por lo bajo la conciencia, mientras vamos viendo lo bien hecha que está esa rueda, los dientes sutiles de esa otra, lo afilado y lo elegante que es ese eje, lo rotundo que es todo y lo perfectamente dispuesto que estaba para la eternidad que hemos malogrado, que hemos frustrado. "¿Qué has hecho?", nos grita una voz a Caín.

ACTIVIDAD Nº1

1. Mientras leía, ¿qué ideas surgieron en su mente[7] Clasifíquelas en;

RECUERDOS   FANTASÍAS
IMÁGENES

2. ¿Qué son, entonces, los pensamientos?

II. APROXIMACIÓN

OBJETIVO: Adquirir una visión preliminar del significado de "proposición" en lógica y su diferencia con el significado común.

Comprender que los razonamientos deductivos están formados por proposiciones.

IMPORTANTE

2.2. LAS PROPOSICIONES

Las proposiciones son formas de pensamiento o expresiones declarativas o enunciativas que se caracterizan por afirmar o negar algo sobre los objetos y, por lo tanto, pueden ser verdaderas o falsas (Es decir, tienen un valor veritativo).

Si lo que se afirma o se niega de un objeto corresponde con la realidad, la proposición es verdadera porque expresa adecuadamente (correctamente) lo que sucede en la realidad. En caso contrario el juicio es falso. En una lógica bivalente, una proposición es verdadera o es falsa.

En una lógica trivalente, una proposición es verdadera, falsa o incierta. En el centro de la Vía Láctea existe vida. (Es una proposición incierta).

No es lo mismo oraciones que proposiciones o juicios. Las primeras constan de palabras dispuestas de un determinado modo, de acuerdo con determinadas reglas gramaticales. Las segundas se refieren a los significados de las oraciones declarativas o enunciativas. Por lo tanto, a dos oraciones distintas pueden corresponder una misma proposición, si se mantiene el mismo significado (pueden pertenecer a distintos idiomas). Las oraciones siempre forman parte de un lenguaje, el lenguaje en que han sido enunciadas; mientras que las proposiciones no son propias de ninguno de los lenguajes en los cuales pueden ser formuladas.

No corresponden a proposiciones las oraciones interrogativas, exclamativas, imperativas.

ACTIVIDAD Nº1

1. ¿Es lo mismo una oración que una proposición? Explique su respuesta.

2. Identifique si se trata de una proposición (P) o de una oración (O) en las siguientes expresiones:

( )   Los niños mojan la cama al dormir.
( )   ¡Salud, querido amigo!
( )   ¿Hay alguien en casa?
( )   Dos más dos es igual a seis.
( )   Los perros ladran en la noche
( )   ¡Por favor, deme otra oportunidad!

3. En la expresión: Los aviones son manejados por aviadores; y, los aviadores manejan aviones. ¿Es una sola oración o son dos oraciones?, ¿es una sola o dos proposiciones diferentes? Explique.

4. Un círculo es a veces un cuadrado perfecto. A pesar de lo vago o ambiguo de la idea, ¿es una oración?, ¿es posible que sea también una proposición?

IMPORTANTE

2.3. CLASES DE PROPOSICIONES

Las proposiciones pueden ser atómicas o moleculares. Son atómicas cuando constan de una sola proposición afirmada o negada.

Quito es la capital del Ecuador.
Bogotá es la capital de Colombia.
La noche es hermosa.

Son moleculares cuando constan de dos o más atómicas unidas por juntores o conectores lógicos (y, o, si... entonces, si y solo sí).

Si la noche es hermosa entonces Quito es la capital del Ecuador.
Quito es la capital del Ecuador y Bogotá la de Colombia.

Las proposiciones atómicas pueden ser proposiciones o juicios categóricos. Las proposiciones categóricas o simples afirman o niegan las relaciones entre clases (Si todo miembro de una clase es miembro de otra clase, o, si algunos miembros de una clase están contenidos parcialmente dentro de otra clase). Contienen tres términos, sujeto, predicado, cópula (el verbo ser), y un cuantificador.

ACTIVIDAD Nº1
1. Escriba cinco ejemplos de proposiciones atómicas.
a)

b)

c)

d)

e)

2. Escriba cinco ejemplos de proposiciones moleculares.
a)

b)

c)

d)

e)

IMPORTANTE

2.4. CLASIFICACIÓN DE LAS PROPOSICIONES

Las proposiciones tienen la estructura S es P. Las proposiciones o juicios categóricos se dividen según la cantidad y la cualidad.

Según la cantidad: pueden ser Universales (El sujeto está contenido totalmente en el predicado o excluido del predicado, o. se refiere a todos los miembros de la clase designada por el término sujeto) o Particulares (El sujeto está contenido o excluido parcialmente del sujeto o del predicado, o, se refiere a algunos de los miembros de la clase designada por el término sujeto).

Según la cualidad: pueden ser Afirmativos (Cuando la cópula "es" expresa la presencia de algunas propiedades en un objeto) o Negativos (Cuando la cópula "no es" expresa la presencia de una propiedad que no es inherente en un objeto).

Si relacionamos la cantidad con la cualidad, tenemos lo siguiente:

CANTIDAD/CUALIDAD	AFIRMATIVAS	NEGATIVAS
UNIVERSAL	UNIVERSAL AFIRMATIVA	UNIVERSAL NEGATIVA **E** Ningún S es P
PARTICULAR	PARTICULAR AFIRMATIVA	PARTICULAR NEGATIVA

Forma típica:

A: Todo S es P   Todo hombre es mortal
E: Ningún S es P   Ningún hombre es reptil.
I: Algún S es P   Algunos hombres son deportistas.
O: Algún S no es P   Algunos periodistas no son mentirosos.

Todas las proposiciones tienen que ser transformadas a la forma típica **si** no están expresadas de esa manera.

Forma común: Todos los perros ladran.
Forma típica: Todos los perros son animales que ladran.
(Identificando el género y la especie), o
Todos los perros son ladradores.

ACTIVIDAD N°1

1. Transforme a proposiciones simples:
a) Los elefantes siempre tienen una cola pequeña.

b) Nada se mueve en el bosque.

c) La lagartija es un animal que guata del sol.

d) Casi todos los helados se derritieron.

e) Sólo los de quinto están invitados a la fiesta.

2. Complete las proposiciones simples.
a) .... edificio es una construcción.

b) Algunas...son frutos que nacen de tos árboles.

c))..................... libros de filosofía.................. textos complicados.

d)..pantalón............................... camisa.

3. Organice las siguientes proposiciones simples.
a) limón, es, fútbol, de, pelota, una, Ningún.

b) es, europea, persona, no, noruego. Alguna.

c) gallina. Algún, es. pájaro, vuela, no. que.

d) aviones a chorro, Todos, objetos, que vuelan rápido, son, los.

4. Complete las vocales que faltan en las proposiciones simples.
a) N-n-g-n -v—n -s -n- m-q—n- l-n-t-

b) –l-g-n- s-l-d-d- d- l –j-r-c-t- -s c-r-n-l

c) –l-g-n-s l-b-r-s d- l-g-c n- s- n - c-n-c-d-s

5. Clasifique todas las proposiciones de los ítems anteriores.

A	E	I	O

6. Normalice las siguientes oraciones escritas en lenguaje corriente.

1. Un niño de doce años es un alumno.

2. Cada niño de doce años es un alumno.

3. Cada uno de los niños de doce años es un alumno.

4. Si es un niño de doce años es un alumno.

5. Cualquier niño de doce años es un alumno.

6. Los niños de doce años invariablemente son alumnos.

7. Siempre es verdadero que los niños de doce años son alumnos.

8. Los niños de doce años son alumnos.

9. Casi todos los niños de doce años son alumnos.

10. Todos menos uno de los niños de doce años son alumnos.

11. Prácticamente todos los niños de doce años son alumnos.

12. La mayoría de los de doce años son alumnos.

13. Los niños de doce años generalmente son alumnos.

14. Muchos niños de doce años son alumnos.

15. Montones de niños de doce años son alumnos.

16. Bastantes niños de doce años son alumnos.

17. Un gran número de niños de doce años son alumnos.

18. Prácticamente ningún niño de doce años es alumno.

19. Casi ningún niño de doce años es alumno.

20. Muy pocos niños de doce años son alumnos.

21. Casi no hay niños de doce años que sean alumnos.

22. Los niños de doce años rara vez son alumnos.

23. Los niños de doce años casi nunca son alumnos.

24. Ni un solo de los niños de doce años es un alumno.

25. No hay niños de doce años que sean alumnos.

26. Los niños de doce años nunca son alumnos.

IMPORTANTE

2.5. RAZONAMIENTO

"Pensar" es un proceso de complejas actividades mentales, una de ellas es el razonar. Por ello no necesariamente todo pensamiento implica algún razonamiento.

Para que exista un razonamiento debe existir una proposición que se concluya lógicamente de otra u otras anteriores.

LECTURA

Nicolás Serrano, un filósofo de treinta inviernos, víctima de la bilis y de los nervios, viajaba por consejo de la Medicina, representada por un doctor cansado de discutir con un enfermo. No estaba el médico seguro de que sanara a Nicolás viajando, pero sí de verse libre, con tal receta, de un cliente que todo lo pone en tela de juicio y no quería reconocer otros males y peligros propios que aquellos de que tenía él clara conciencia. En fin, viajó Serrano lo vio todo sin verlo y regresaba a España después de tres años de correr mundo, preocupado con los mismos problemas metafísicos y psicológicos y con idénticas aprensiones nerviosas.

Era rico, no necesitaba trabajar para comer y aunque tenía el proyecto ya muy antiguo en él de dejarlo todo para los pobres y coger su cruz, esperaba para poner en planta su propósito a tener la convicción absoluta científica, es decir, una universal, verdadera y evidente de que semejante rasgo de abnegación estaba conforme con la justicia y era lo que le tocaba hacer. Pero esta convicción no acababa de llegar, dependía de todo un sistema; suponía multitud de verdades evidentes, metafísicas, físicas, antropológicas, sociológicas, religiosas y morales, averiguadas previamente. De modo que mientras no resolviera tantas dudas y dificultades continuaba siendo rico, desocupado, pero con poca resignación.

Alas, Leopoldo. [1892] 1966. Obras Selectas, Madrid, Biblioteca Nueva.

ACTIVIDAD Nº1

1. Elabore un listado de razonamientos que aparecen en la lectura anterior, ya sea implícitos o explícitos
a)

b)

c)

d)

e)

2. Los recuerdos, las imágenes, las fantasías, los deseos; ¿son necesariamente razonamientos? Explique su respuesta.

III. CONCEPTUALIZACIÓN

OBJETIVO: Comprender que las inferencias inmediatas tales como la oposición, conversión, obversión y contraposición son formas de razonamiento deductivo que obedecen a determinadas leyes lógicas.

IMPORTANTE

2.6. RELACIÓN DE CLASES EN UNA PROPOSICIÓN

Entendidos el sujeto y el predicado de una proposición como dos clases, es posible establecer cuatro distintas formas de graficar sus relaciones.

1. *Universal Afirmativa:* la clase del sujeto se halla incluida en la extensión universal de la clase del predicado. Se puede representar así:

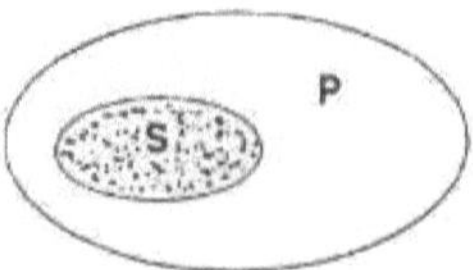

2. _Universal Negativa:_ las clases del sujeto y predicado no tienen conexión entre sí, ambas son tomadas en su extensión universal.

3. _Particular Afirmativa:_ sujeto y predicado se toman en su extensión particular y se intersecan parcialmente.

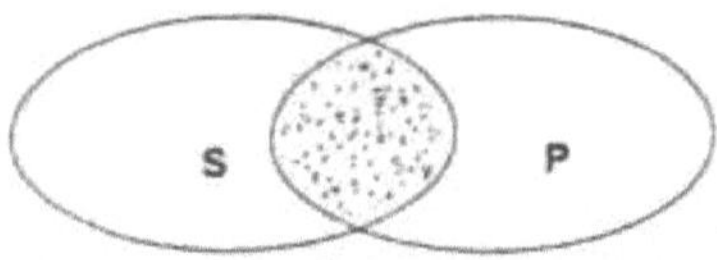

4. _Particular Negativa:_ parte de la extensión del sujeto se incluye en la clase del predicado, sólo se toma en su extensión universal.

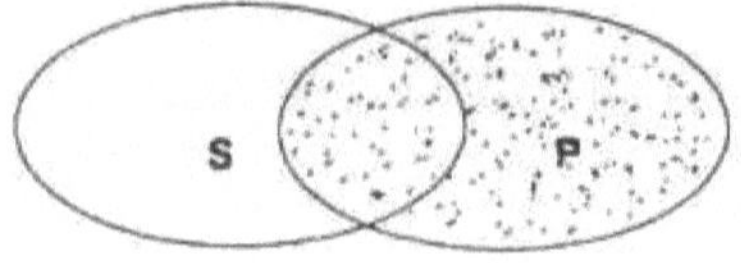

ACTIVIDAD Nº1

1. Elabore el organizador de ideas de la "PROPOSICIÓN".

2. Escriba las proposiciones que se derivan del Organizador de ideas.

IMPORTANTE

2.7. INFERENCIAS

Inferir es extraer una conclusión de una o más premisas. Las inferencias pueden ser inmediatas y mediatas.

Las inferencias inmediatas son formas de razonamiento que partiendo de una proposición o premisa cualquiera se infiere o se concluye inmediatamente otra. Sus formas específicas son la oposición, obversión y contraposición.

Las inferencias mediatas o silogismos categóricos son una forma de razonamiento deductivo que partiendo de premisas llega a una conclusión necesaria.

Los razonamientos son las estructuras más complejas del pensamiento, por ello contienen a las otras.

ACTIVIDAD Nº1

1. Elabore el Organizador de ideas de "RAZONAMIENTO". Redacte las proposiciones que se derivan del organizador.

IMPORTANTE

2.8. PRINCIPIOS LÓGICOS

Los principios lógicos de identidad: todo lo que es, es; contradicción: nada puede ser y no ser al mismo tiempo y en un mismo sentido; y tercero excluido: una realidad es una cosa o es otra, se pueden explicar a través de ejercicios matemáticos que admitan varias operaciones diferentes con una misma y única respuesta. Por ejemplo:

1) ¿Cómo se puede expresar el número 24 utilizando tres cifras iguales?

Las respuestas serian 8+8+8 // 22+2 // 3 al cubo (3) -3

2) Exprese el número 100 utilizando cinco cifras iguales.

Las respuestas serian 111-11 // (5x5x5) -(5x5) /// (5+5+5+5) x5 // 100-100+100-100+100

La reflexión es que a pesar de que las operaciones cambian la respuesta siempre es la misma: eso es el principio de identidad. No son válidas aquellas respuestas en las que de una misma operación matemática surgen respuestas diferentes: principio de no contradicción. Si una respuesta es válida cualquier otra respuesta diferente es falsa: principio de tercero excluido.

Los principios lógicos pueden ser explicados también a partir de ejercicios con conceptos, proposiciones y razonamientos:

1)   Mostrando la identidad de conceptos: sólo el concepto de hombre se aplica al hombre, por ejemplo.

2) Mostrando la identidad de las proposiciones: una proposición siempre afirma o niega algo, pero nunca ambas cosas a la vez.

3) Mostrando la identidad de los razonamientos: premisas y conclusión se encadenan siempre de manera necesaria y sólo una determinada conclusión es válida.

En resumen, la lógica tiene un punto de vista formal e implica conceptos y principios fundamentales.

ACTIVIDAD Nº1

1. Utilizando un ejercicio similar al ejemplificado anteriormente, explique los principios lógicos.

2. Elabore el diagrama de inclusión que existe entre razonamiento, proposiciones y conceptos.

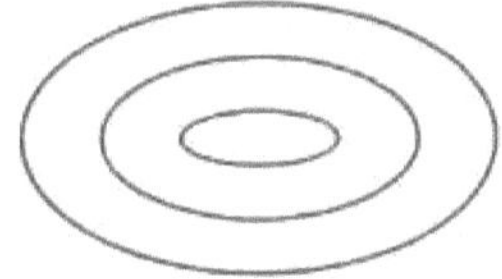

IV. DESARROLLO DE HABILIDADES

OBJETIVO: Manejar correctamente las leyes lógicas que le permitan resolver ejercicios con inferencias inmediatas.

IMPORTANTE

2.9. RELACIONES ENTRE PROPOSICIONES

Entre las proposiciones típicas se establecen diferentes formas de relación que se expresan en el cuadrado de oposiciones:

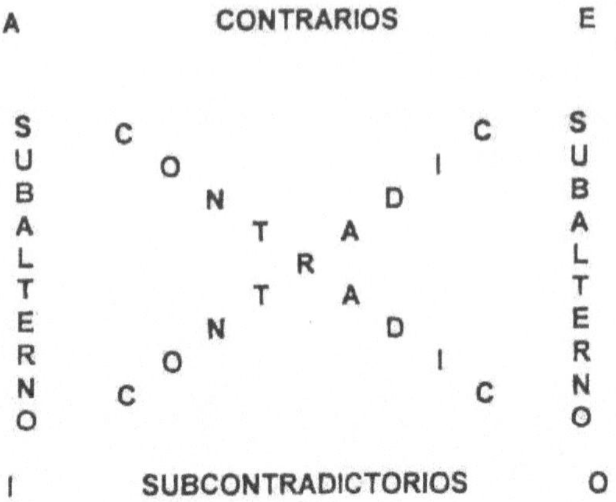

CONTRARIOS: Si uno de ellos es V el otro es F. Si uno de ellos es F no se concluye nada del otro.
No pueden ser V los dos, pero pueden ser F los dos.

SUBCONTRARIOS: Si uno de ellos es V no se concluye nada del otro.
Si uno de ellos es F el otro es V.

CONTRADICTORIOS: Si uno de ellos V el otro es F.
Si uno de ellos es F el otro es V.
No pueden ser V los dos, tampoco F los dos.

SUBALTERNOS: Si es V el subalternante es V el subalternado.
Si es F el subalternante no se concluye nada del subalternado.
Si es V el subalternado no se concluye nada del subalternante:
Si es F el subalternado el F el subalternante.

Si	A es V	Si	E es V	Si	I es V	Si	O es V
	E es F		A es F		A es ?		A es F
	I es V		I es F		E es F		E es ?
	O es F		O es V		O es ?		I es ?

Si	A es F	Si	E es F	Si	I es F	Si	O es F
	E es ?		A es ?		A es F		A es V
	I es ?		I es V		E es V		E es F
	O es V		O es ?		O es V		I es V

ACTIVIDAD N°1

1. Escriba las relaciones de oposición en los siguientes casos, y su respectivo valor de verdad (V o F).

a) *Todos los perros son animales que ladran. (V)*

CONTRADICTORIA:
SUBALTERNA:
CONTRARIA:

b) *Ningún robot es humano. (V)*

CONTRADICTORIA:
SUBALTERNA:
CONTRARIA:

c) *Algunos ecuatorianos son famosos. (V)*

CONTRADICTORIA:
SUBALTERNA:
CONTRARIA:

d) *Algunos animales no son domésticos. (V)*

CONTRADICTORIA:
SUBALTERNA:
CONTRARIA:

IMPORTANTE

2.10. TIPOS DE INFERENCIAS

CONVERSIÓN:

La conversión es un tipo de inferencia inmediata que se caracteriza por ser un intercambio entre los términos S y P de una proposición.

Una proposición es la conversa de otra cuando se la forma a partir de ésta intercambiando los términos S y P. sin que cambie la cantidad (Excepto en una proposición de tipo A).

El S y P de la conversa es idéntico al S y P de la convertiente.

CONVERTIENTE	CONVERSA
E: Ningún S es P	Ningún P es S
I: Algún S es P	Algún P es S
O: Algún S no es P	----------------------
A: Todos S es P	Algún P es S (Por limitación)

ACTIVIDAD Nº1

1. Encontrar la conversa de las siguientes proposiciones:
a) Ningún hombre es inmortal.

b) Algún periodista es escritor.

c) Algún ecuatoriano no es poeta.

d) Todo estudiante es lector.

*2. E*structure ejemplos de proposiciones y encuentre la conversa respectiva.

PROPOSICIÓN	CONVERSA
a.	a.
b.	b.
c.	c.
d.	d.
e.	e.

3. ¿Cuál es la conversa de la contraria de? "Ningún X es Y".

	CONTRADICTORIA	CONVERSA
(E) Ningún X es Y	(Y) Algún X es Y	(Y) Algún Y es X

a) ¿Cuál es la conversa de la contraria de "Todo Y es Z"?

b) ¿Cuál es la conversa de la subalterna de "Algunos libros son placenteros"?

OBVERSIÓN:

La obversión de un tipo de inferencia inmediata en la que se pasa a otro juicio que posee el mismo sujeto y la misma cantidad que la premisa, pero difiere de ésta en la cualidad (tiene la cualidad opuesta) y tiene el predicado negado.

El S no cambia, no cambia la cantidad, pero, cambia la cualidad y se reemplaza el término predicado por su complemento. (Se niega el predicado).

OBVERTIENTE	**OBVERSA**
A: Todo S es P	E: Ningún S es no - P
E: Ningún S es P	A: Todo S es no - P
I: Algún S es P	O: Algún S no es no - P
O: Algún S es P	I: Algún S es no - P

ACTIVIDAD Nº 2

1. Encontrar la obversa de las siguientes proposiciones.
a) Todo tigre es animal cuadrúpedo.

b) Ningún lobo es animal doméstico.

c) Algunos televidentes son críticos.

d) Algunos políticos no son honestos.

2. Estructure ejemplos de proposiciones y encuentre la obversa respectiva.

PROPOSICIÓN	OBVERSA
a.	a.
b.	b.
c.	c.
d.	d.
e.	e.

3. Cuál es la obversa de la contraria de:

a)"Ningún a es b".

b) "Todo vehículo es un medio de transporte".

CONTRAPOSICIÓN:

La contraposición es un tipo de inferencia inmediata que consiste en utilizar la observación a la premisa de la que se parte, al resultado de esta, le hacemos una conversión; y, al resultado de la conversión, le volvemos a hacer una obversión.

La contraposición es la observa de la conversa de la obversa de una proposición categórica.

	OBVERSA	CONVERSA	OBVERSA
A: Todo S es P	E: Ningún S es no-P	E: Ningún no-P es S	A: Todo no-P es no-S
E: Ningún S es P	A: Todo S es no-P	I: Algún no-P es S	O: Algún no P no es no-S
I: Algún S es P	O: Algún S no es no-P	———————	———————
O: Algún S no es P	I: Algún S es no-P	I: Algún no-P es S	O: Algún no-P no es no-S

ACTIVIDAD Nº 3

1. Encontrar la contrapositiva de las siguientes proposiciones.
a) Todo gorila es un animal vertebrado.

b) Ningún bebé es un ser razonador.

c) Algún gato es blanco.

d) Algún dibujante no es ambidiestro.

2. Estructure ejemplos de proposiciones y encuentre la contrapositiva respectiva.

PROPOSICIÓN	CONTRAPOSITIVA
a.	a.
b.	b.
c.	c.
d.	d.
e.	e.

3. Establezca la respuesta correspondiente.
a) ¿Cuál es la contradictoria, de la subalterna, de la subcontraria de: "Algún dibujante no es escritor"?

b) ¿Cuál es la contrapositiva de la contraria, de la contradictoria, de la conversa de: "Algunos conocimientos son científicos"?

c) ¿Cuál es la contradictoria, de la subalterna, de la subcontraria, de la contradictoria de: "Todos los gatos son felinos"?

d) ¿Cuál es la contrapositiva, de la contradictoria, de la obversa, de la conversa de: "Algún W no es Z"?

V. ARGUMENTACIÓN

OBJETIVO: Construir pequeños argumentos utilizando las relaciones entre las proposiciones obtenidas de lecturas y de la vida cotidiana.

OBSERVACIÓN

Las siguientes actividades correspondientes al nivel categorial, debido a su extensión y para favorecer el cumplimiento del objetivo señalado, serán desarrolladas en hojas aparte. Se recomienda que sean efectuadas a computadora. De no ser posible se lo hará con buena letra, cuidando la presentación y calidad requeridas en este nivel.

ACTIVIDAD Nº 1

1. Seleccione un pensamiento o frase célebre.
2. Formule una proposición con su contenido.
3. Elabore el Organizador de ideas de cada uno de los conceptos de dicha proposición.
4. Establezca posibles relaciones lógicas entre estos conceptos y redacte proposiciones en la forma lógica (S es P).
5. Con estas proposiciones redacte un micro ensayo en el cual demuestre un nivel básico de coherencia.

ACTIVIPAD Nº 2

1. Utilizando proposiciones e inferencias, presente la argumentación respectiva en defensa de los "entretenimientos juveniles".

ACTIVIDAD Nº 3

1. Escoja un artículo periodístico o de índole científica que le interese.
2. Elabore una crítica a dicho artículo y efectúe inferencias de oposición, conversión, obversión y contraposición con respecto a las principales proposiciones que allí aparezcan.

ACTIVIDAD Nº 4

1. Tome como referencia el siguiente ejemplo y luego diagrame todas y cada una de las posibilidades de inferencias inmediatas de oposición, conversión, obversión y contraposición.

EJEMPLO:

La conversa de "Ningún S es P".

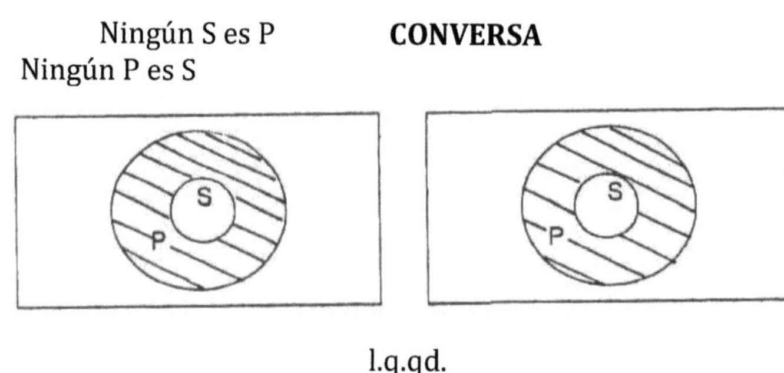

La obversa de "Algún S es P".

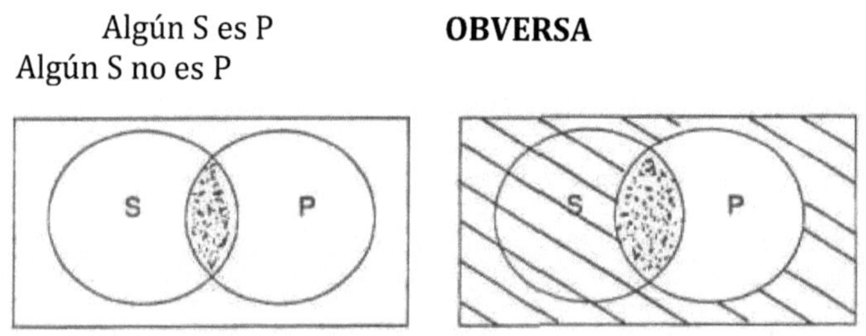

ACTIVIDAD Nº 5

1. Ponga de manifiesto su creatividad y redacte un cuento en el cual transfiera la conceptualización de lo estudiado.

VI. DESARRROLLO ACTITUDINAL

OBJETIVO: Demostrar actitudes de reflexión crítica sobre los valores morales, políticos y estéticos que ordenan y dan coherencia a la vida.

Demostrar actitudes de responsabilidad, autonomía y cooperación en la construcción y sistematización de proposiciones a partir del trabajo individual y grupal.

DINÁMICA GRUPAL No 1

OBJETIVO: valorar el aporte de lo lógica y de la imaginación en situaciones cotidianas de la vida.

PROCESO:

a. Observe la siguiente figura.

Observe detenidamente la figura siguiente, ¿reconoce una mujer joven o una vieja?

Una vez identificadas las dos figuras, concéntrese en una y pase de una figura a la otra. Su objetivo es controlar el paso de manera consciente y aumentar la frecuencia.

b. Responda las siguientes preguntas:

¿Fue fácil o difícil reconocer a la joven y a la vieja en la figura? Explique su respuesta.

¿Con qué imagen se identifica: ¿la VIEJA o la JOVEN? Explique su respuesta.

c. Reunirse en grupo o directamente en plenaria y comentar las respuestas anteriores.

EVALUACIÓN

¿Qué conclusiones puede compartir con respecto al ejercicio realizado?

DINÁMICA GRUPAL N° 2

OBJETIVO: valorar la importancia de mantener la coherencia lógica en nuestras situaciones de la vida cotidiana.

PROCESO:

a. Formar grupos y proceder a la lectura del siguiente texto.

WELLS CHAPEL

En cierta ocasión una familia inglesa, pasaba unas vacaciones en Escocia y en uno de sus paseos observaron una casita de campo, de inmediato les pareció cautivadora para su próximo verano, indagaron quién era el dueño de ella y resultó ser un Pastor protestante, al que se dirigieron para pedirle que les mostrara la pequeña finca.

El propietario les mostró la finca. Tanto por su comodidad como por su situación fue del agrado de la familia, quienes quedaron comprometidos para alquilarla en su próximo verano.

De regreso a Inglaterra, repasaron detalle por detalle, cada habitación y de pronto la esposa recuerda no haber visto el W. C. (WATER CLOSET). Dado lo prácticos que son los ingleses decidió escribirle al Pastor preguntándole por este servicio en los siguientes términos:

"ESTIMADO PASTOR: SOY DE LA FAMILIA QUE HACE POCOS DÍAS VISITÓ SU FINCA, CON DESEOS DE ALQUILARLA PARA NUESTRAS PRÓXIMAS VACACIONES Y, ... COMO OMITIMOS ENTERARNOS DE UN PEQUEÑO DETALLE. QUIERO SUPLICARLE QUE NOS INDIQUE MÁS O MENOS DONDE QUEDA EL W. C." .... (Finalizó la carta como es de rigor y la envió al Pastor).

A abrir la carta, el Pastor, desconoció la abreviatura w. c. pero creyendo que se trataba de una capilla de su religión llamada WELLS CHAPEL, envió una carta contestando, en los siguientes términos:

"ESTIMADA SEÑORA: TENGO EL AGRADO DE INFORMARLE QUE EL LUGAR A QUE USTED SE REFIERE QUEDA SOLO A 12 KILÓMETROS DE LA CASA, LO CUAL ES MOLESTOSO SOBRE TODO SI SE TIENE LA COSTUMBRE DE IR CON FRECUENCIA, PERO ALGUNAS PERSONAS VIAJAN A PIE Y OTRAS EN BUS, LLEGANDO TODOS EN EL MOMENTO PRECISO. HAY LUGAR PARA 400 PERSONAS CÓMODAMENTE SENTADAS Y 100 DE PIE. LOS ASIENTOS ESTÁN FORRADOS DE TERCIOPELO ROJO Y HAY AIRE ACONDICIONADO PARA EVITAR SOFOCACIONES, SE RECOMIENDA LLEGAR A TIEMPO PARA ALCANZAR LUGAR. MI MUJER POR NO HACERLO ASÍ HACE DIEZ AÑOS TUVO QUE SOPORTAR TODO EL ACTO DE PIE Y DESDE ENTONCES NO UTILIZA YA ESTE SERVICIO. LOS NIÑOS SE SIENTAN JUNTOS Y TODOS CANTAN EN CORO. A LA ENTRADA SE LES ENTREGA UN PAPEL A CADA UNO Y LAS PERSONAS QUE NO ALCANCEN A LA PARTICIPACIÓN

PUEDEN USAR EL DEL COMPAÑERO DE ASIENTO. PERO AL SALIR DEBEN DEVOLVERLO PARA CONTINUAR DÁNDOLE USO DURANTE TODO EL MES. TODO LO QUE DEJEN DEPOSITADO ALLÍ SERÁ PARA DAR DE COMER A LOS POBRES HUÉRFANOS DEL HOSPICIO. HAY FOTÓGRAFOS ESPECIALES QUE TOMAN FOTOGRAFÍAS EN TODAS LAS POSES. LAS CUALES SERÁN PUBLICADAS EN EL DIARIO DE LA CIUDAD, EN LA PÁGINA SOCIAL. ASÍ EL PÚBLICO PODRÁ CONOCER A LAS ALTAS PERSONALIDADES EN ACTOS TAN HUMANOS COMO ESTE".

La señora al leerla estuvo a punto de desmayarse y luego de contarle lo ocurrido a su esposo, consideraron cambiar de lugar de verano.

EVALUACIÓN

¿Qué conclusiones pueden tomarse en cuenta de la lectura ¿Qué actitudes se han puesto de manifiesto mientras se realizaba la lectura?

DINÁMICA GRUPAL No 3

OBJETIVO: demostrar actitudes de creatividad, rigor intelectual y cooperación en la resolución de problemas.

PROCESO:

Reunirse en grupos y encontrar la respuesta a los siguientes problemas:

1.   Si estamos de pie sobre un piso formado por una materia dura, ¿cómo nos arreglaremos para soltar un huevo y hacer que éste recorra en su caída un metro sin romperse? No hay que poner ninguna almohada para amortiguar el golpe.

2. En una excursión de caza, en África, vi una jirafa grande y una chica. El guía me dijo que la chica era hija de la grande, pero que ésta no era su madre. Y el guía no mentía nunca. ¿Cómo puede ser?

3. ¿Cómo te la arreglarás para tirar una pelota con toda tu fuerza y lograr que ésta se detenga y vuelva hacia ti sin chocar con una pared ni rebotar contra cualquier otro obstáculo, y mucho menos sin tenerla sujeta por un cordel?

4. En un cajón hay diez calcetines rojos y diez calcetines negros. Si a oscuras se mete la mano en el cajón, ¿cuál es el número menor de calcetines que se deben sacar para estar seguro de que se obtiene un par de calcetines iguales?

5. El 28 de febrero un señor se acostó a las siete de la noche después de poner el despertador para las ocho de la mañana siguiente. Suponiendo que hubiese dormido como un tronco, ¿cuántas fueron sus horas de sueño?

6. ¿Cuál de estas expresiones es más correcta: 8 por 8 son 56, u 8 por 8 es 56?

7. Los señores de Fares tienen siete hijas, y cada una de éstas tiene un hermano. ¿Cuántos son en la familia Fares?

8. Con una venda taparon los ojos de un individuo y luego un espectador colgó su sombrero. Empuñando un revólver, aquel

individuo recorrió cien pasos, se volvió, y de un disparo agujereó el sombrero. ¿Cómo pudo realizar tal hazaña estando con los ojos vendados?

9. Imagínate que eres el piloto de un avión que vuela de Londres a Nápoles, o sea una distancia de 1.600 kilómetros. El avión vuela a 300 kilómetros por hora y hace una parada de 30 minutos. ¿Cómo se llama el piloto?

10. ¿Cuál es el número menor de patos que pueden nadar en esta formación?: dos patos frente a otro pato, dos patos detrás de un pato y otro pato entre dos patos.

11. ¿Cómo conseguirás meter completamente tu mano izquierda en el bolsillo derecho del pantalón y tu mano derecha en el bolsillo izquierdo, ambas al mismo tiempo? Desde luego, tienes que llevar los pantalones puestos.

12. Un hombre tenía un reloj de pared que daba las horas y también las medias con una campanada. Una noche volvió tarde a su casa. Al abrir la puerta, oyó que el reloj daba una campanada. Media hora después escuchó otra campanada. Transcurrió otra media hora, y de nuevo se oyó otra campanada, y media hora más tarde una nueva campanada. ¿Qué hora era cuando volvió a su casa?

EVALUACIÓN

¿Considera Ud. que se ha cumplido con el objetivo planteado? ¿Qué actitudes se han puesto de manifiesto en la resolución de estos problemas?

3. LÓGICA Y PENSAMIENTO FORMAL: silogismos

INTRODUCCIÓN

El silogismo categórico es una forma de razonamiento deductivo fundamental para la correcta organización lógica del pensamiento. Por ello, los distintos saberes, sin exclusión de ninguno, usan al silogismo como una de sus herramientas para dar coherencia a sus explicaciones.

Enseñar la estructura silogística, sus modos, figuras y leyes de validez es lo que se propone en esta parte del libro.

Acostumbrados, por lo general, a pensar el mundo, necesidades, sueños y experiencias de manera desordenada y confusa; el estudio de los silogismos contribuirá a fundamentar mejor los intereses, alcanzar claridad y calidad en las formas de hablar, exponer textos y concluir ideas.

PROPÓSITOS

1. COGNITIVO: Comprender que el silogismo categórico es un tipo de razonamiento deductivo que se construye con proposiciones o juicios categóricos.

2.- PROCEDIMENTAL: Desarrollar habilidades para resolver ejercicios con silogismos categóricos.

3.- ACTITUDINAL: Demostrar actitudes de valoración de la silogística como espacio teórico para construir razonamientos que impliquen el significado de la existencia y la responsabilidad ante la propia vida y de los demás.

CONTENIDOS

COGNITIVOS:

* Silogismo categórico.
* Reglas del silogismo.
* Figuras del silogismo.
* Modos del silogismo.
* Silogismos irregulares.
* Silogismos hipotéticos.
* Sofismas.
* Principios lógicos.

PROCEDIMENTALES:

* Resolución de ejercicios utilizando las leyes de los términos, figuras, modos y distribución.
* Diagramación de silogismos (Diagramas de Venn), como una forma de demostrar la validez o invalidez de los razonamientos.

ACTITUDINALES:

* Valoración del pensamiento silogístico.
* Reflexión crítica sobre los valores morales, políticos, estéticos y otros que están implícitos en los
    razonamientos y que ordenan y dan coherencia a la vida.
* Responsabilidad en la utilización de los razonamientos silogísticos para el desarrollo humano.

I. DIAGNÓSTICO Y NIVELACIÓN

OBJETIVO: Estructurar, a partir de la experiencia cotidiana, una noción de razonamiento, que permitirá diagnosticar los conocimientos previos.

LECTURA

3.1. DISCURRIR-INFERENCIA

Describimos "discurrir" diciendo: "Y cuando ya sabes algo y quieres ir más allá de lo que ya sabes, tienes que pensar para ver lo que sigue. Tienes que discurrir".

Algunas personas dirán que discurrir algo es descubrir lo que lógicamente resulta de lo anterior. Por ejemplo, si sabemos que los gatos no son personas, resulta que las personas no son gatos. Otra forma de discurrir se presenta cuando somos capaces de detectar suposiciones en lo que se acaba de decir. Por ejemplo, si alguien preguntara: ¿Qué pasaba antes que el tiempo comenzara a transcurrir?, hay en esta oración dos suposiciones: a) que el tiempo tuvo un comienzo, y b) que sucedían cosas antes de que existiera el tiempo.

Aún más, hay otras formas de "discurrir" que implican la búsqueda de razones que hacen que las personas piensen lo que piensan y hagan lo que hacen. Si vemos una ambulancia que pasa a toda velocidad y pensamos: "Va al hospital con un enfermo", estamos especulando acerca de las razones del conductor para hacer lo que está haciendo.

Otra manera de discurrir o inferir reside en el proceso para determinar el modo en que las cosas funcionan, por ejemplo, un candado. Desarmarlo y ver cómo las guardas son alineadas con la llave para abrir el mecanismo y mover el cerrojo. Pensamientos de este tipo tienden a promover la experimentación.

Por supuesto, estos cuatro aspectos no agotan todas las posibilidades del proceso de discurrir. Esté atento a nuevas alternativas en sus estudios y en su vida cotidiana.

Tomado de: LIPMAN, M.: Mark. Editorial de la Torre, Madrid, 1989.

ACTIVIDAD N°1

1. En el paréntesis escriba una V si la inferencia realizada a partir del párrafo es verdadera, una F si es falsa, un signo de interrogación si no se puede determinar su veracidad o falsedad.

a) Durante el verano hay muchos insectos en nuestro pueblo. Hay grillos, polillas, langostas, cucarachas, mosquitos y todo tipo de insectos que reptan, se arrastran y vuelan. Pero las moscas son los peores. Tenemos tábanos, moscardones, mosca azul, y la común mosca doméstica. Todos son miembros de una familia de insectos que yo preferiría que no existiera.

- Todas las moscas son insectos.   ( )
- Algunas moscas no son insectos.   ( )
- Algunos insectos no son moscas.   ( )
- Todos los mosquitos son moscas.   ( )
- Todas las moscas azules son tábanos.   ( )
- Todos los insectos tienen seis patas.   ( )
- Ninguna cucaracha es un insecto.   ( )
- Todos los grillos son cosas que reptan.   ( )

b) Walter dice: ¡Como me gustan los helados! Y me gustan más en barquillo. Me podría comer tres helados en barquillo uno tras otro. Pero no cualquier tipo de helado. No me gustan los helados con sabor a fruta. Sólo los de chocolate y vainilla, y cosas por el estilo. Un helado de chocolate derretido y crema encima de todo, ¡qué rico!

- A Walter sólo le gustan los helados de vainilla.   ( )
- A Walter le gustan los helados de frutilla.   ( )
- Ningún helado contiene sal.   ( )
- Algunos helados no vienen en barquillos.   ( )
- La vainilla no tiene sabor a fruta.   ( )
- A menudo Walter se come tres helados uno tras otro.   ( )
- Hay muchas cosas, además de los sabores a fruta, que le desagradan a Walter.   ( )
- Todos los helados en barquillos están hechos de barquillo, helado, crema y chocolate derretido.   ( )

c) Mary dice: No me gusta comer carne de animal y prefiero no usar ropa que está hecha de piel de animal. Por eso uso cinturones y zapatos hechos de plásticos y abrigos hechos de paño y no de piel. Mis orejas se mantienen calientes con un gorro de lana, y no veo por qué hay que matar un conejo para hacer gorros con su piel.

- Todos los animales tienen piel.   ( )
- Algunos abrigos están hechos de piel.   ( )
- Algunos conejos son matados sólo por su piel.   ( )
- Todos los cinturones están hechos de cuero.   ( )
- Algunas cosas hechas de lana son gorros.   ( )
- Mary nunca come carne.   ( )
- Ningún zapato está hecho de plástico.   ( )
- Algunas pieles de conejo no se usan para hacer abrigos.   ( )

2.- ¿Qué suposiciones están contenidas en las siguientes oraciones?

a) ¿Por qué son los delfines animales tan estúpidos?

b) ¿Qué sucede cuando una fuerza irresistible choca con un objeto inmóvil?

c) ¿Si se llega al borde del universo, se puede pasar la mano a través de ese borde?

d) ¿Cuándo se curva una línea recta?

LECTURA

3.2. ¿QUÉ SE CONSIDERA UNA RAZÓN?

Muchas veces se nos pide que justifiquemos nuestras opiniones dando "razones". ¿Pero, qué razones son válidas? Y, entre las razones válidas, ¿cuál es una buena razón? Cuando alguien nos pide que justifiquemos nuestra opinión o nuestras acciones, las razones que normalmente usamos tienen una relación con lo que él o ella cree de antemano. La razón trata de hacer más plausible lo que hemos hecho o dicho. He aquí algunos ejemplos:

a) Mamá: ¿Juan, por qué hiciste llorar a tu hermano?
   Juan: Tenía un imperdible en la boca y me dio miedo que se lo fuera a tragar, así que se lo quité.

b) Profesor: ¿Nancy, por qué acabas de decir que algunos países
                  norteños del océano   Atlántico son más cálidos que
                  otros más al sur?
   Nancy: Por la corriente del Golfo.

En el primer ejemplo, Juan ofrece una explicación que su madre aceptará. Generalmente, uno no debiera hacer llorar al bebé. Pero, el hecho de que se pueda tragar el alfiler y hacerse daño es una buena razón para quitarle dicho alfiler, aunque esto lo haga llorar.

En el segundo ejemplo, Nancy supone que todo el mundo sabe que la Corriente del Golfo está en el océano Atlántico y que afecta a los países que quedan cerca. También supone que todos saben que la corriente del Golfo es cálida. Así que su respuesta, aunque es breve, se apoya en hechos que tanto el profesor como los compañeros consideran como verdaderos. Generalmente, una buena razón debe ser más plausible que la pregunta. (Por analogía, una palabra se define usando palabras que son menos difíciles que las que está tratando de definir).

Por ejemplo, si alguien dice que es americano monárquico, usted le podrá pedir que le dé una razón por la cual es monárquico. Su respuesta puede ser: "Necesitamos más continuidad entre nuestros líderes. La monarquía es el sistema ideal para garantizar continuidad". Ahora bien, puede ser que no quede convencido con la razón que se le ha dado, pero debe reconocer que el monárquico le ha dado una razón más plausible -al menos superficialmente- que su fe en la monarquía. Supongamos en cambio que la respuesta hubiera sido: "Porque yo soy el príncipe heredero de Norteamérica". Si le pareciera que está hablando en serio, puede reconocer que ésta es una razón, pero es bastante menos plausible que el hecho de que tiene fe en la monarquía. No es una buena razón.

ACTIVIDAD N°1

1. En los siguientes casos marque en el paréntesis una B si es una buena razón, una M si es una razón mediocre, y una N si no es una verdadera razón.

a) Suponga que algunos alumnos están siendo entrevistados por el periódico del colegio con respecto a su opinión acerca de Miguel, candidato a presidente del curso.
- Tomás: Por supuesto que votaré por él. Siempre defenderá las cosas
en las cuales cree. ( )
- José: No obtendrá mi voto. No tiene sentido comercial para vender helados. ( )
- Edna: ¡Me muero por votar por él! ¡Es tan encantador! ( )
- Luis: ¿Por qué tengo que apoyarle? ¿Qué ha hecho por mí? ( )
- Marta: No espera a que las muchedumbres le digan qué pensar. Piensa por sí mismo. Votare por él. ( )
- Cristina: Por eso mismo no voy a votar por él, porque le importa un rábano lo que piensan los demás. ( )
- Marco: No puedo imaginarme a mí mismo dando mi voto a alguien que usa camisetas. ( )
- Rosa: Miguel no es su verdadero nombre. Su nombre es Manuel. Imagínate que se ha creído, tratando de engañar al público. No puedo soportar a los políticos cínicos. ( )
- Alfredo: Votaré por él porque siempre ha sido justo, y lo más probable es que continúe siéndolo. ( )
- Wilson: Voto por él de todas maneras. Mira la influencia que tiene con los profesores y el director. ( )

2. Sintetice su respuesta a las preguntas consideradas en los siguientes textos:

** Susana dijo: "Ayer vi una fotografía de un pavo. Inmediatamente me acordé de la cena de Navidad del año pasado".*

a) Fue el pensamiento de Susana acerca del pavo lo que causó que pensara en la cena de Navidad.

b) Es posible que un pensamiento sea la causa de otro pensamiento en nuestra mente?

c) Le ha pasado alguna vez que el pensar en algo le hizo pensar en otra cosa? Ejemplifique.

Frank dijo: "Siempre tengo en mi cabeza el pensamiento de que cuando sea grande voy a ser astronauta. Si alguna vez llego a ser astronauta, se deberá a haber pensado en ello todo el tiempo cuando era niño".

a) ¿Es posible que el pensamiento de Frank sea la causa de que se convierta en astronauta?

b) ¿Es posible que Frank se convierta en astronauta aún si nunca hubiera pensado en ello cuando era niño?

c) En general, ¿qué tienen que ver los pensamientos con la manera como vivimos?

Dora dijo: "En este instante, tengo en mi mente el pensamiento de que quiero levantar mi brazo. De modo que obviamente, el pensamiento de levantar mi brazo hizo que mi brazo se levantara".

a) ¿Es posible que los pensamientos de Dora hayan sido la causa de que ella levantara su brazo?

b) ¿Es posible que alguna vez Dora levante su brazo sin haber pensado en ello primero?

c) ¿Es posible tener pensamientos que no tengan absolutamente ningún efecto en sus acciones?

3.3. CALIDAD DE LOS RAZONAMIENTOS

LECTURA

LA REPRIMENDA INJUSTA

Los estudiantes de uno de los cursos de la escuela están jugando fútbol en la cancha del establecimiento; jugadores del equipo contrario de Francisco intencionalmente le cometen una falta en al área. El reclama un tiro penalti, pero los jugadores contrarios lo niegan y, aún más, lo agreden físicamente. A lo cual él responde también físicamente como resultado le rompe la nariz a uno de los agresores.

Debido a que sólo vio la última parte de lo que sucedió, la señora Martínez llega a la conclusión de que Francisco había provocado el incidente. La señora Martínez es normalmente una persona justa; pero esta ocasión hizo un juicio apresurado, basado en evidencia insuficiente. Es lo que las personas inmediatamente reconocen como sacar conclusiones precipitadas.

Dos cosas son dignas de consideración: una, que Francisco fue tratado injustamente por los compañeros del incidente y, la otra, que inmediatamente después fue tratado en forma injusta por la profesora. Usted puede preguntar, si a pesar de que la señora Martínez actúo en forma equivocada, puede sin embargo ser disculpada. ¿Existe alguna diferencia entre lo que ella hizo y lo que hicieron los compañeros de Francisco que lo trataron injustamente? Ambas acciones son injustas.

ACTIVIDAD N°1

1.- Los siguientes ejemplos de razonamientos lo clasificaría de buen razonamiento (A), no tan bueno, pero pasable (B), parece bueno, pero posiblemente con fallas (C), razonamiento muy pobre (D). Escriba la letra respectiva en el paréntesis.

a) Mi papá ha estado leyendo en el diario que fumar produce cáncer, así que no va a leer más el diario. ( )

b) El sábado enfermé después de haberme comido un kilo de cereza y tomado un vaso de agua; el domingo enfermé porque me comí un kilo de cerezas y me tomé un vaso de agua. Así que, esta noche no voy a tomar ni una gota de agua. ( )

c) Supe que un tipo se mató cuando cayó desde un décimo piso. Por supuesto, los primeros nueve pisos no le afectaron, pero el décimo piso fue fatal. ( )

d) Una vez conocí a un tipo de Finlandia que tocaba los tambores muy bien. Apuesto a que todos los finlandeses son excelentes percusionistas.

( )

e) En la fábrica de bombillas no revisamos todas las bombillas que salen de la cinta de ensamblaje; sólo revisamos una de cada cinco, para tener un cierto control de la calidad de nuestro producto.

( )

f) No les preguntamos a todos los alumnos del colegio si querían un recreo más corto a la hora del almuerzo; pero les preguntamos a dos jóvenes en el patio y seguramente todos los demás piensan como ellos.

( )

g) He estado leyendo que uno de cada cinco niños que nacen en el mundo es chino. Tengo tres hermanos, así que me imagino que el próximo bebé en nuestra casa va a parecer oriental. ( )

2.- Marque con una B si los siguientes razonamientos son "buenos", y con una D si son "deficientes".

a) Todo el día hará frío. Todo el día lloverá. Siempre que llueve hace frío.

( )

b) La casa de Pedro tiene dos habitaciones, así que debe ser más pequeña que la de Juan que tiene dos habitaciones.

( )

c) Por supuesto que Rosalinda es una mujer hermosa, su mismo nombre lo dice. ( )

d) Todo lo que choca con pintura roja se pinta de rojo. El auto se chocó con pintura roja. El auto se pintó de rojo. ( )

3.- Cuál es su respuesta en cada uno de los siguientes casos?

a) Janet dijo: Si creo que puedo aprobar ese examen, estoy segura de que lo superaré. Tengo una actitud realmente positiva frente a ese examen, así que no me molestaré en estudiar. -mientras mantenga esa actitud positiva, estoy segura de que aprobaré.

b) Ted dijo: Si creo que puedo saltar este canal, estoy seguro de que lo haré. Ted saltó y lo hizo bien. Estaba realmente impresionado. Ahora, se dijo, voy a volar. Creo que comenzaré desde esa ventana en el tercer piso".

c) Si las cosas tuvieran diferentes colores, si el cielo fuese anaranjado, los prados fuesen rojos y los tomates fuesen morados, ¿sería un mundo diferente?

d) ¿Imagínese que, en vez de crecer disminuyera de estatura, serían mejores las cosas en un mundo como ese?

e) Suponga que cada día fuera más joven en vez de mayor. ¿Cree que eso sería mejor?

II. APROXIMACIÓN

OBJETIVO: Obtener una visión preliminar y de conjunto sobre qué son los silogismos categóricos y qué tipo de proposiciones los conforman.

IMPORTANTE

3.4. RAZONAMIENTO LÓGICO

Los razonamientos son definidos como un conjunto de proposiciones, en los que una de ellas se fundamenta o infiere de las anteriores. La inferencia es la relación de necesidad entre premisas al concluir algo. Unas proposiciones se denominan premisas y la que se fundamenta en ellas, conclusión.

Los razonamientos no siempre tienen la misma forma, el orden de las premisas y conclusión puede variar, esto es:

1	**2**	**3**
Premisa A	Premisa A	Conclusión
Premisa B	Conclusión	Premisa A
Conclusión	Premisa B	Premisa B

Los razonamientos generalmente poseen ciertos términos o indicadores lógicos que señalan dónde está la conclusión y dónde las premisas. Así, por ejemplo:

A, B y C reciben la misma carta misteriosa. Ay B han sido asesinados. Luego, es muy probable que C sea el asesino.

<u>**Indicadores de premisa:**</u>	<u>**Indicadores de conclusión:**</u>
Puesto que, porque, pues,	Por lo tanto, entonces, por ende,

en tanto que, la razón de que,   Ergo, luego, se sigue que
ya que, dado que, etc.   podemos concluir, se infiere que...

También en matemáticas podemos encontrar indicadores que señalan donde están las premisas y donde la conclusión. La suma, por ejemplo, tiene como indicadores los signos (+) y el (=); el primero señala el tipo de operación, el segundo donde colocar la respuesta. Recordemos que la matemática es un subtema de la lógica, la lógica un subtema de las matemáticas; ambas son ciencias formales que se preocupan únicamente de las relaciones mentales sin preocuparse del contenido, la primera, referida a la forma de los pensamientos y, la segunda, a las relaciones numéricas vacías.

El carácter formal de la lógica, el hecho de que en sentido estricto no se refiere a nada, marca la diferencia por ejemplo con la lógica del detective. Pues para un buen detective la observación, su agudeza visual, olfativa, etc. son fundamentales. El detective es un "lector de indicios". Los indicios siempre son el contenido de los razonamientos; son el hecho presente y observable que le permiten reconstruir un suceso pasado: las huellas de alguien indican su presencia en un lugar, quién es, etc. Sin embargo, la interpretación de indicios sólo es posible si el detective elabora una conjetura o suposición en la que los hechos tienen una lógica tal en la que ha de quedar incriminado, el autor de un asesinato, por ejemplo. De ahí la carga de suspenso inherente a la solución de un crimen. Obviamente ningún criminal dejará sus indicios intencionalmente, salvo que quiera desorientar al detective. Esta es la necesidad de razonar, es decir, de anticiparse y comprender la lógica del criminal -su *modus operandi*, para derrotarlo-.

Muchas veces, sin embargo, creemos que razonamos correctamente, pero no es así. Confundimos nuestros razonamientos con otras formas de pensamiento: un simple grupo de proposiciones, una explicación, una explicación, una orden que incluye su motivo, etc. A continuación, presentamos algunos ejemplos de no-razonamientos:

a) Si A tenía el arma cuando llegó la policía, él es el asesino.
No es razonamiento ya que la primera es una oración condicional. Las oraciones condicionales no afirman ni niegan.

b) Hágalo enseguida, porque realmente corre el riesgo de morir asesinado.

En este caso, la primera oración es una orden, no es una proposición, consecuentemente no es un razonamiento.

c) Como yo era el único y forzoso heredero de mi padre, entré en posesión de la fortuna.

Las proposiciones explican algo, pero no hay razonamiento; se explica una consecuencia en base a una causa.

d) Viene de la parte sudoeste? Sí, de Horsham -dijo el sujeto-. Lo he supuesto al ver la tierra arcillosa de sus zapatos. -contestó Holmes.

La primera parte es una pregunta, por tanto, no es una proposición. Sin proposición no hay razonamiento.

e) Dictó la redacción del documento, puse mi firma al lado de la suya y el notario se llevó el testamento.

Sin embargo, de contar con tres proposiciones perfectamente estructuradas, son tres afirmaciones sin inferencia alguna.

ACTIVIDAD N°1

1. Escriba las tres "pistas" para reconocer un razonamiento?
a)

b

c)

2. Qué relación existe entre la lógica y la matemática?

3. Escriba tres ejemplos de no-razonamientos y explique por qué no los considera tales.
a)

b)

c)

4. Ubique en las casillas libres los números que Ud. considere convenientes para que los resultados en cada columna y en cada línea concuerden.

3	+		/		= 5
+		-		x	
	-		+		= 4
/		+		+	
	+		+		= 9
=3		=4		=4	

IMPORTANTE

3.5. RAZONAMIENTOS DEDUCTIVOS, INDUCTIVOS Y ANALÓGICOS

La diferencia entre razonamientos deductivos e inductivos está en que los inductivos parten de unas premisas y concluye alguno no necesario, sino una probabilidad, mientras que la deducción infiere una conclusión necesaria. Además, se puede decir que mientras el razonamiento inductivo parte de particularidades para concluir una generalidad; el razonamiento deductivo hace lo inverso, parte de generalidades para concluir una particularidad o en algunos casos, otra generalidad.

a) Deducción
1) Todos los que tienen una escritura recta son fríos y reservados.
   Juan tiene escritura recta.
   Por lo tanto, Juan es frío y reservado.

2) Todos los niños tienen una escritura grande en aumento.
   Mis amigos tienen una escritura grande en aumento.
   Por lo tanto, mis amigos son niños.

El esquema clásico de la deducción se simboliza así:

Todo A es B   Premisa mayor
Todo B es D   Premisa menor
Luego, todo A es D   Conclusión

b) Inducción

1) Juan escribe inclinado hacia la derecha y es afectuoso.
   Pablo escribe inclinado hacia la derecha y es afectuoso.
   Aníbal escribe inclinado hacia la derecha y es afectuoso.
   Por lo tanto, probablemente todos los que escriben inclinado hacia la derecha son afectuosos.

2) María, alumna de 5° curso, tiene escritura firme.
   Soledad, alumna de 5° curso, tiene escritura firme.
   Paula, alumna de 5° curso, tiene escritura firme.
   Por lo tanto, probablemente todos los alumnos de 5° curso tienen escritura firme.

El esquema de la inducción es:

Algún A tiene la propiedad X   Premisa
Algún B tiene la propiedad X   Premisa
Algún C tiene la propiedad X   Premisa
Luego, probablemente toda letra tiene la propiedad X Conclusión

El método por el cual la inducción concluye algo general y de carácter forzoso en base a "una enumeración de todos los casos particulares", ha sido cuestionado no sólo en su validez lógica, sino en su probabilidad de ocurrir. En su validez lógica, a pesar de enriquecer nuestro conocimiento, con qué derecho se afirma que, observadas las características de algunos seres o cosas, ¿esa sea la medida aplicable a todos los seres o cosas observadas? ¿Cuál es la medida necesaria y suficiente de las partes para concluir una generalidad sobre el todo? ¿Quién garantiza que luego de una aparente regularidad, el resto de las cosas en el futuro se comportarán igual? Las gallinas también, ante la aparición del dueño, acuden a recibir día tras día el alimento, pero una mañana son degolladas y servidas. La inducción, si quiere ser completa, también es cuestionada en su posibilidad de ocurrir, puesto que es imposible revisar todos los casos si éstos son infinitos. No obstante, la inducción es la operación fundamental de la ciencia y sin esta forma de razonar el conocimiento científico moderno sería imposible.

c) Analogía

Consiste en comparar entre dos casos particulares para, por medio de las semejanzas y diferencias que se conocen, inferir las semejanzas y diferencias que no se conocen. Es decir, basado en cierta semejanza, se afirma de algo lo que se sabe de otro. Por ejemplo, de la semejanza que existe en los cuerpos de los hombres y de los simios, se concluye un origen común. Observar las semejanzas y diferencias entre la Tierra y cualquier otro planeta con el fin de concluir que hay o no habitantes.

ACTIVIDAD N°1

1. Elabore un cuadro sinóptico en el cual sintetice las ideas principales con respecto a los tipos de razonamiento.

2. Solicite a dos personas que escriban a continuación pequeños textos; luego realice la interpretación grafológica correspondiente como aplicación de su capacidad deductiva.

a)

b)

Interpretación:

3.- Formule un ejemplo de inducción y otro de analogía.
a) Inducción:

b) Analogía:

LECTURA

3.6. LÓGICA Y RAZONAMIENTO DEDUCTIVO

Una vez que un científico tiene a su disposición leyes y teorías universales puede extraer de ellas diversas consecuencias que le sirven como explicaciones y predicciones. Por ejemplo, dado el hecho de que los metales se dilatan al ser calentados es posible derivar el hecho de que los raíles de ferrocarril continuos, sin que existan entre ellos pequeños huecos, se distorsionarán con el calor del sol. Al tipo de razonamiento empleado en las derivaciones de esta clase se le denomina razonamiento deductivo.

El estudio del razonamiento deductivo constituye la disciplina de la lógica. No se intentará proporcionar una explicación y valoración detalladas por el momento. En lugar de esto, se ilustrarán algunas de las características importantes para nuestro análisis de la ciencia mediante ejemplos triviales.

He aquí algunos ejemplos de deducción lógica:

Ejemplo 1:

1.	Todos los libros de anatomía son aburridos.

2.   Este es un libro de anatomía.

3.   Este libro es aburrido.

En este argumento, (1) y (2) son las premisas y (3) es la conclusión. Es evidente, creo, que si (1) y (2) son verdaderas, (3) ha de ser verdadera. No es posible que (3) sea falsa si (1) y (2) son verdaderas, ya que si (1) y (2) fueran verdaderas y (3) falsa, ello supondría una contradicción. Esta es la característica clave de una deducción lógicamente válida. Si las premisas de una deducción lógicamente válida son verdaderas, entonces la conclusión debe ser verdadera.

Una ligera modificación del ejemplo anterior nos proporcionará un caso de deducción no válida.

Ejemplo 2:

1.   Muchos libros de anatomía son aburridos.

2.   Este libro es un libro de anatomía.

3.   Este libro es aburrido.

En este ejemplo, (3) no se sigue necesariamente de (1) y (2). Es posible que (1) y (2) sean verdaderas y que, no obstante, (3) sea falsa. Aunque (1) y (2) sean verdaderas, puede suceder que este libro sea, sin embargo, uno de los pocos libros de anatomía que no son aburridos. Hay que afirmar que (1) y (2) son verdaderas y que (3) es falsa no supone una contradicción. El argumento no es válido.

Las experiencias de este tipo tienen que ver, ciertamente, con la verdad de los enunciados (1) y (3) en los ejemplos 1 y 2. Pero una cuestión que hay que señalar aquí es que la lógica y la deducción por sí solas no pueden establecer la verdad de unos enunciados fácticos del tipo que figura en nuestros ejemplos. Lo único que la lógica puede ofrecer a este respecto es que, si las premisas son verdaderas, entonces la conclusión debe ser verdadera. Pero el hecho de que las premisas sean verdaderas o no es una cuestión que se pueda resolver apelando a la lógica. Una argumentación puede ser una deducción perfectamente lógica, aunque conlleve una premisa que sea de hecho falsa.

Ejemplo 3:

1.   Todos los gatos tienen cinco patas.

2.   Bugs Pussy es mi gato.

3.   Bugs Pussy tiene cinco patas.

Esta deducción es perfectamente válida. El caso es que si (1) y (2) son verdaderas, entonces (3) debe ser verdadera. Sucede que en este ejemplo (1) y (3) son falsas, pero esto no afecta a la condición de la argumentación como deducción válida. Así pues, la lógica deductiva por sí sola no actúa como fuente de enunciados verdaderos acerca del mundo. La deducción se ocupa de la derivación de enunciados a partir de otros enunciados dados.

ACTIVIDAD N°1

1. Cuál es la característica clave de una deducción lógicamente válida?

2. Escriba dos ejemplos de deducción lógicamente válida.
a)

b)

3. Ejemplifique dos razonamientos de deducción no-válida.
a)

b)

4. Escriba dos ejemplos de deducción perfectamente lógica, aunque conlleve una premisa falsa.

a)

b)

LECTURA

3.7. EL INDUCTIVISMO INGENUO

Según el inductivista ingenuo, la ciencia comienza con la observación. El observador científico debe tener los órganos sensoriales normales, no disminuidos, y debe registrar de un modo fidedigno lo que pueda ver, oír, etc., que venga al caso de la situación que esté observando y debe hacerlo con una mente libre de prejuicios. Se pueden establecer o justificar directamente como verdaderos los enunciados hechos acerca del estado del mundo o de una parte de él por un observador libre de prejuicios mediante la utilización de sus sentidos. Los enunciados a los que se llega de este modo (los llamaremos enunciados observacionales) forman, pues, la base de la que se derivan las leyes y teorías que constituyen el conocimiento científico. A continuación, presentamos algunos ejemplos de enunciados observacionales.

A las doce de la noche del 1 de enero de 1999, Marte aparecería en tal y tal posición en el cielo.

Ese palo, sumergido parcialmente en el agua, parece que está doblado.

El señor Gómez golpeó a su mujer.

El papel de tornasol se vuelve rojo al ser sumergido en el líquido.

La verdad de estos enunciados se ha de establecer mediante una cuidadosa observación. Cualquier observador puede establecer o comprobar su verdad utilizando directamente sus sentidos. Los observadores pueden ver por sí mismos.

Los enunciados del tipo citado anteriormente pertenecen al conjunto de los denominados "enunciados singulares". Los enunciados singulares, a diferencia de un segundo grupo de enunciados que veremos en breve, se refieren a un determinado acontecimiento o estado de cosas en un determinado lugar y en un momento determinado. El primer enunciado se refiere a una determinada aparición de Marte en un lugar específico del cielo en un momento asimismo específico; el segundo ejemplo se refiere a cierta observación de un palo, etc. Es evidente que todos los enunciados observacionales serán enunciados singulares. Proceden de la utilización que hace el observador de sus sentidos en un lugar y momento determinados.

A continuación, citamos algunos ejemplos simples que podrían formar parte del conocimiento científico.

De la astronomía:
Los planetas se mueven en elipses alrededor del su sol.

De la física:
Cuando un rayo de luz pasa de un medio a otro cambia de dirección de tal manera que el seno del ángulo dividido por el seno del ángulo de refracción es una característica constante de los dos medios.

De la psicología:
Los animales en general poseen una necesidad inherente de algún tipo de descarga agresiva.

De la química:
Los ácidos vuelven rojo el papel tornasol.

Estos son enunciados generales que expresan afirmaciones acerca de las propiedades o el comportamiento de algún aspecto del universo. A diferencia de los enunciados singulares, se refieren a todos los acontecimientos de un determinado tipo en todos los lugares y en todos los tiempos. Todos los planetas, estén donde estén situados, se mueven siempre en elipses alrededor de su sol. Siempre que se produce una refracción lo hace según la ley de refracción enunciada anteriormente. Todas las leyes y teorías que constituyen el conocimiento científico son afirmaciones generales de esa clase y a tales enunciados se les denomina "enunciados universales".

Ahora se puede plantear la siguiente cuestión. Si la ciencia se basa en la experiencia, entonces, ¿por qué medios se pueden obtener los enunciados singulares, que resultan de la observación, los enunciados generales que constituyen el conocimiento científico? ¿Cómo se pueden justificar las afirmaciones generales y no restringidas que constituyen nuestras teorías, basándose en la limitada evidencia constituida por un número limitado de enunciados observacionales?

La respuesta inductivista es que, suponiendo que se den ciertas condiciones, es lícito generalizar, a partir de una lista finita de enunciados observacionales singulares, una ley universal. Por ejemplo, podría ser licito generalizar, a partir de una lista finita de enunciados observacionales referentes al papel de tornasol que se vuelve rojo al ser sumergido en 'ácido, esta ley universal: "los ácidos vuelven rojo el papel tornasol", o generalizar, a partir de una lista de observaciones referentes a metales calentados, la ley: "los metales se dilatan al ser calentados". Las condiciones que deben satisfacer esas generalizaciones para que el inductivista las considere lícitas se pueden enumerar así:

1. El número de enunciados observacionales que constituyan la base de una generalización debe ser grande.
2. Las observaciones se deben repetir en una amplia variedad de condiciones.
3. Ningún enunciado observacional aceptado debe entrar en contradicción con la ley universal derivada.

La condición 1 se considera necesaria, porque evidentemente no es lícito concluir que todos los metales se dilatan al ser calentados basándose en una sola observación de la dilatación de una barra de metal, por ejemplo, de la misma manera que no es lícito concluir que todos los australianos son unos borrachos basándose en la observación de un australiano embriagado. Serán necesarias una gran cantidad de observaciones antes de que se pueda justificar cualquier generalización. El inductivista insiste en que no debemos sacar conclusiones precipitadas.

Un modo de aumentar el número de observaciones en los ejemplos mencionados sería calentar repetidas veces una misma barra de metal u observar de modo continuado a un australiano que se emborracha noche tras noche, y quizás día tras día. Evidentemente, una lista de enunciados observacionales obtenidos de ese modo formaría una base muy insatisfactoria para las respectivas generalizaciones. Por eso es necesaria la condición 2.

"Todos los metales se dilatan al ser calentados" sólo será una generalización licita si las observaciones de la dilatación en las que se basa abarcan una amplia variedad de condiciones. Habría que calentar diversos tipos de metales, barras de hierro largas, barras de hierro cortas, barras de plata, barras de cobre, etc., a alta y baja temperaturas, etc. Si en todas las ocasiones todas las muestras de metal calentadas se dilatan, entonces y sólo entonces es lícito generalizar a partir de la lista resultante de enunciados observacionales la ley general. Además, resulta evidente que, si se observa que una determinada muestra de metal no se dilata al ser calentada, entonces no estará justificada la generalización universal. La condición 3 es esencial.

El tipo de razonamiento analizado, que nos lleva de una lista finita de enunciados singulares a la justificación de un enunciado universal, que nos lleva de la parte al todo, se denomina razonamiento inductivo y el proceso se denomina inducción. Podríamos resumir la postura inductivista ingenua diciendo que, según ella, la ciencia se basa en el principio de inducción, que podemos expresar así

Si en una amplia variedad de condiciones se observa una gran cantidad de A y si todos los A observados poseen sin excepción la propiedad B, entonces todos los A tienen la propiedad B.

Así pues, según el inductivista ingenuo el conjunto del conocimiento científico se construye mediante la inducción a partir de la base segura que proporciona la observación. A medida que aumenta el número de hechos establecidos mediante la observación y la experimentación y que se hacen más refinados y esotéricos los hechos debido a las mejoras conseguidas en las técnicas experimentales y observacionales, más son las leyes y teorías, cada vez de mayor generalidad y alcance, que se construyen mediante un cuidadoso razonamiento inductivo. El crecimiento de la ciencia es continuo, siempre hacia adelante y en ascenso, a medida que aumenta el fondo de datos observacionales.

Hasta ahora, el análisis sólo constituye una explicación parcial de la ciencia, ya que, con seguridad, una característica importante de la ciencia es su capacidad para explicar y predecir. El conocimiento científico es lo que permite al astrónomo predecir cuándo se producirá el próximo eclipse solar o al físico explicar por qué el punto de ebullición del agua es inferior al normal en altitudes elevadas. La figura representa de forma esquemática un resumen de toda la historia inductivista de la ciencia. El lado izquierdo de la figura se refiere a la derivación de leyes y teorías científicas a partir de la observación que ya hemos analizado. El análisis de la parte derecha constituye el razonamiento deductivo que también ya lo explicamos en la lectura anterior.

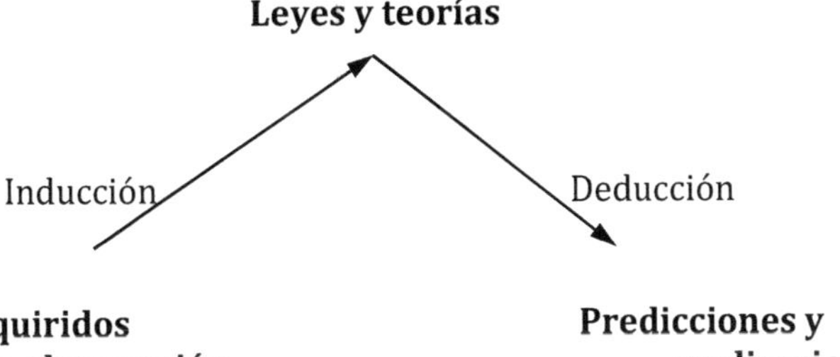

ACTIVIDAD N°1

1. Escriba cuatro ejemplos de enunciados singulares.
a)

b)

c)

d)

2. Ejemplifique cuatro enunciados universales.
a)

b)

c)

d)

3. Enumere las condiciones para considerar lícitas las generalizaciones inductivistas.
a)

b)

c)

d)

4. Con sus propias palabras explique la figura correspondiente a la lectura anterior.

5. ¿En qué consiste el principio de inducción?

6. Enumere las características fundamentales del inductivismo ingenuo.
a)

b)

c)

d)

e)

7. ¿Qué significa la expresión: "Una característica importante de la ciencia es su capacidad de explicar y predecir"?

III. CONCEPTUALIZACIÓN

OBJETIVO: Comprender que el silogismo categórico es una forma de razonamiento deductivo cuyas premisas y conclusión implican relaciones lógicas necesarias.

IMPORTANTE

3.8. PROPOSICIONES CATEGÓRICAS

Recordemos que las proposiciones son formas de pensamiento o expresiones declarativas o enunciativas que se caracterizan por afirmar o negar algo sobre los objetos y, por lo tanto, pueden ser o bien verdaderas o falsas. (Esto es, tienen un valor veritativo). Si lo que se afirma o niega de un objeto corresponde con la realidad, la proposición es verdadera, en caso contrario es falsa.

Así también, no es lo mismo oraciones que proposiciones. Las primeras constan de palabras dispuestas de un determinado modo, de acuerdo con determinadas reglas gramaticales. Las segundas se refieren a los significados de las oraciones declarativas o enunciativas. Por lo tanto, a dos oraciones distintas puede corresponderles una misma proposición, si se mantiene el mismo significado. No corresponden a proposiciones las oraciones interrogativas, exclamativas e imperativas.

Las proposiciones pueden ser atómicas o moleculares. Son atómicas cuando constan de una sola proposición afirmada o negada. Son moleculares cuando constan de dos o más atómicas unidas por juntores o conectores lógicos (y, o, si...entonces, si y sólo sí). Las proposiciones atómicas pueden ser categóricas juicios categóricos; éstas afirman o niegan las relaciones entre clases (Si todo miembro de una clase es miembro de otra clase; o, si algunos miembros de una clase están contenidos parcialmente dentro de otra clase). Las proposiciones categóricas contienen tres términos: un sujeto, un predicado, una cópula (el verbo ser), y un cuantificador.

Las proposiciones categóricas se clasifican por su cantidad y cualidad: Universales afirmativas (A), Universales negativas (E), Particulares afirmativas (Y), Particulares negativas (O).

Todas las proposiciones pueden ser transformadas a la forma típica si no están expresadas de esa manera; esto es, a la estructura: cuantificador, S-es-P.

ACTIVIDAD N°1

1. ¿Es lo mismo una oración que una proposición? Explique.

2. Escriba un ejemplo, en la forma común y en la forma típica, de cada uno de los tipos de proposiciones categóricas.

<u>   *Forma común.*   *Forma típica.*   </u>

<u>*A.*</u>

<u>*E*</u>

<u>*Y*</u>

<u>*O*</u>

3. ¿Cuándo hablamos de silogismo o deducción categórica?

4.- Marque en el paréntesis una O si se trata de una oración y una P si se trata de una proposición.
a) Los niños mojan la cama al dormir.   ( )
b) ¡Salud, querido amigo!   ( )
c) ¿Hay alguien en casa?   ( )
d) Dos más dos es igual a seis.   ( )
e) Los perros maúllan en la noche.   ( )
f) ¡Deme otra oportunidad, por favor! ( )

5.- Utilizando diagramas de Venn, represente cada uno de los tipos de proposiciones (A, E, I, O).

3.9. EL SILOGISMO, SU REHABILITACIÓN

El silogismo es un razonamiento mediato, es decir, que conlleva un "tercer término". Tres términos y, por lo tanto, tres proposiciones: la mayor, la menor, la conclusión. "Todo hombre es mortal, ahora bien, Sócrates es un hombre, luego Sócrates es mortal". Las dos primeras se llaman premisas. La segunda, la menor, es la proposición mediadora - que falta en la inferencia inmediata- y contiene la razón de ser de la conclusión.

Cuando la consideración de dos ideas no basta para juzgar si se debe afirmar la   una o negar la otra, es preciso recurrir a una tercera idea.

Se llama "término medio" al que sirve de intermediario entre el término más general (término mayor) y el menos general (término menor). La teoría del silogismo puede hacerse, pues, desde el punto de vista de la "extensión" (el término mayor incluye al medio, que a su vez incluye al menor), es decir, en este caso: el género mortal incluye a la especie hombre (y por lo tanto al individuo Sócrates). O también puede hacerse desde el punto de vista de la "comprehensión" (una propiedad general es inherente al atributo colocado como término medio, y ese atributo pertenece al sujeto: la propiedad de ser mortal, la mortalidad, pertenece al ser humano y Sócrates posee ese atributo, la humanidad).

El punto de vista puramente formal es la extensión. Aunque Aristóteles, en sus "Analíticas", se haya situado en uno y en otro de ambos puntos de vista, la teoría del silogismo se hace siempre desde el punto de vista de la extensión, en la lógica formal convertida en formalismo lógico. Desde este punto de vista, en efecto, el silogismo se reduce a una tautología.

El silogismo sólo es fecundo si se considera en comprehensión. Entonces, envuelve cierto movimiento, expresa un descubrimiento, un hecho, un contenido al que da forma. Y precisamente es el tercer término el que contiene la fecundidad del silogismo.

Dado un juicio que se refiere a un ser determinado (un tipo, un concepto), el silogismo que da este juicio como conclusión aporta su razón de ser. Y sigue siendo el término medio el que envuelve esta razón: si Sócrates es mortal, es porque es hombre, y todos los hombres son mortales.

El lugar que el término medio ocupa en las premisas determina la "figura" del silogismo. En la primera figura, el término medio es sujeto de la mayor y atributo de la menor: "Todo hombre es mortal, etc." En la segunda figura, el término medio se introduce como atributo de las dos premisas: "Ningún inmortal es hombre, Sócrates es hombre, luego Sócrates no es inmortal". Si el término medio es sujeto de las premisas, tendremos la tercera figura: "La ballena es mamífero, la ballena vive en el mar, luego, algún animal marino es mamífero". En estas tres figuras, las proposiciones pueden variar de cantidad y de calidad. Las diferentes combinaciones posibles forman los "modos" del silogismo.

La teoría abstracta del silogismo formula el principio de extensión que dice: "Lo que se afirma de todos los miembros de una clase (género o conjunto) puede ser afirmado de cada miembro o grupo de miembros". Este principio hace que toda conclusión, toda "deducción", que vaya del conjunto a los miembros sea automática, tautológica. Pero puede tomarse también en comprehensión, así: Lo que está implicado por el género está implicado por la especie. De lo que participa el género, participa la especie".

Es decir, que cada género posee una esencia y que toda especie de ese género posee los caracteres y las propiedades inherentes a la esencia determinada. Desde este ángulo, el silogismo expresa, como ya hemos visto, una lógica de la esencia. Y este es su aspecto profundo, fecundo y duradero a la vez. Por ejemplo: Todo triángulo tiene sus tres ángulos iguales a dos rectos; ABC es un triángulo, luego... Este silogismo, corriente en matemáticas, significa que esta propiedad forma parte de la esencia del triángulo, y por lo tanto debe ser atribuida a ABC. Un silogismo en pura extensión sería el siguiente: Todo triángulo es un polígono (de tres lados); ABC es un triángulo, luego ABC es un polígono (de tres lados), cuyo carácter estéril se evidencia enseguida.

Lo subjetivo no puede ser separado de lo objetivo, como una cosa lo es de otra cosa. Las leyes del silogismo adquieren entonces un sentido nuevo y todo su alcance, que es a la vez limitado y cierto. Las propias figuras del silogismo pueden ser estudiadas en este sentido nuevo, según la función objetiva del término medio. Por ejemplo, el término medio, al ser razón de ser, puede ser considerado como mediación y causa en la necesidad: "Todo Estado que franquea en su crecimiento ciertos límites, corre a su pérdida; la Roma imperial franqueaba esos límites; luego la Roma imperial corría a su pérdida". Es el "silogismo de la necesidad", que es un silogismo concreto, un silogismo histórico. "Toda sociedad erosionada por contradicciones debe desaparecer; la sociedad moderna actual está erosionada por contradicciones; luego..."

Es posible describir, en este sentido, las figuras del silogismo clásico, consideradas como la puesta en forma abstracta de relaciones muy simples -justamente muy simples, muy prácticas- entre las cosas, géneros y especies de cosas.

Es igualmente posible describir formas silogísticas que se han escapado en parte o completamente a la lógica tradicional: el silogismo inductivo, el silogismo de la analogía, el silogismo de la necesidad, etc. Y, por otra parte, esas formas se encadenan, constituyen un todo, en el cual se encuentran los mismos "momentos" del pensamiento -lo universal, lo particular, lo singular- pero en todas sus funciones y significaciones objetivas posibles.

En otros términos, la teoría del silogismo debe continuarse en un nivel superior, en la "lógica concreta". En ese nivel subsisten sus "formas", pero más ricas: encuentran su verdad en lo concreto.

ACTIVIDAD N°1

1.- Elabore un listado de las ideas principales que se encuentran en la lectura anterior.
a)

b)

c)

d)

e)

f)

g)

h)

2.- Estructure un Organizador de ideas sobre el concepto de "Silogismo", basado en la lectura anterior.

3.- Redacte un micro ensayo o "resumen" utilizando la información consignada en el organizador de ideas del ítem anterior, con respecto al tema: "El silogismo. Su rehabilitación".

IMPORTANTE

3.10. ¿QUÉ SON LOS SILOGISMOS?

"Priory -teniente de la brigada de homicidios de Green Bay- regresó al final de la tarde,
resplandeciente. Hablaba con excitación y andaba de un lado al otro.

- Suponga Douglas que es usted el asesino. No le costará mucho encontrar a un ciego. Un ciego no puede ir muy lejos en secreto. Ni muy rápido. Y la gente no se olvidará de él. De modo que, si fuera usted el asesino, ¿cómo se acercaría usted a su víctima, si digamos viviera en el próximo pueblo?"

De este fragmento traducimos y extraemos el siguiente silogismo:

1. Todo asesino encuentra fácil a un <u>ciego.</u>	Premisa
2. Todo <u>ciego</u> no puede ir muy lejos en secreto.	Premisa
3. Luego, todo asesino no puede ir muy lejos en secreto.	Conclusión

Y si el asesino de un ciego no puede ir muy lejos en secreto, ¿cómo se acercaría usted a su víctima, si digamos, viviera en el próximo pueblo? El silogismo es una clase de razonamiento en el que hallamos tres proposiciones. La primera se llama "premisa mayor", la segunda "premisa menor", y la tercera "conclusión". Todas las proposiciones son categóricas, esto es, sólo de las formas A, E, I, O. Además, la conclusión del silogismo se caracteriza por unir dos términos con un tercero salido de las premisas. Así, por ejemplo:

Forma	Silogismo	Estructura
A	*Todo <u>detective</u> es observador.*	Premisa mayor
A	*Todo policía es <u>detective.</u>*	*Premisa menor*
A	*Luego, todo policía es observador.*	*Conclusión*

La conclusión para unir "policía" y "observador" se vale del nexo "detective". El término que sirve de nexo entre dos proposiciones recibe el nombre de <u>término medio,</u> el que hace de sujeto en la conclusión, <u>término menor</u> y el que hace de su predicado, <u>término mayor.</u> El término medio nunca aparece en la conclusión.

Lo importante es que el silogismo esté bien construido, esto es, cumpla correctamente con la ordenación de sus premisas y la inferencia. No importa si lo que dice un silogismo no es "verdad" o es algo "absurdo", lo importante es la forma no el contenido. Ejemplo: "A=B, y B=C; por lo tanto, C=A".

ACTIVIDAD N°1

1.- Ejemplifique cuatro silogismos. Señale en cada uno: forma, silogismo, estructura; subraye el término medio.
a)

b)

c)

d)

2.- En el siguiente fragmento identifique los silogismos que están escondidos, en unos casos ordenando premisas y conclusión, en otros resolviendo la conclusión que falta. Subraye el término medio en cada caso.

El inspector Tarvey trabaja para la policía metropolitana del aeropuerto de Londres. Él les habla a los oficiales de policía ahora.

Inspector: Este hombre se llama Paul Hartford. Puede ser peligroso, aunque sabemos que es sólo un carterista, algunos asesinos son carteristas. Este es un identikit de él. Recuerden su rostro. Inspeccionen sobre todo los aeropuertos, como ustedes saben todos los carteristas trabajan en los aeropuertos

Detective: *¿Señor, no sé si le entendí bien? Nos dice usted que algunos asesinos trabajan en   los aeropuertos.*

Inspector: *Así es. Escuchen. Ayer y todos los lunes él está robando en Aberdeen, pero   siempre se disfraza, y aunque no es confirmado, todos los que están robando en   Aberdeen lo hacen en la noche. ¿Luego, qué conclusión sacamos de esto?*

Detective: *Esto no es posible señor, nuestros informes dicen que a las nueve de la noche de   ayer estuvo en Boulogne, tiempo de Francia.*

Inspector: *Y hubo más robos en París, Heathorwy y Manchester. Es un pillo rápido. Todos   los delincuentes de hoy son pillos rápidos, pero, asimismo, todos los pillos rápidos   cometen errores.*

Detective: *Lo atraparemos señor, usted nos ha llevado a inferir algo que nos anima: todos los   delincuentes de hoy cometen errores. ¿Qué estaba vistiendo ayer?*

Inspector: *Él tenía según el identikit pelo negro y largo y usaba lentes. ¡Abran bien lo ojos,   pudo haberse vuelto a disfrazar!*

a)

b)

c)

d)

3.- Escriba cuatro ejemplos de silogismos con contenidos absurdos, pero estructurados correctamente.

a)

b)

c)

d)

4.- ¿El silogismo es un tipo de inferencia mediata o inmediata? Explique.

5.- Escriba una definición de silogismo e indique sus elementos.

IV. DESARROLLO DE HABILIDADES

OBJETIVO: Manejar correctamente las leyes lógicas que le permitan demostrar la validez o invalidez de un silogismo categórico.

3.11. REGLAS DEL SILOGISMO

Todo silogismo consta de tres proposiciones, de las cuales las dos primeras se llaman "premisas" y la tercera conclusión. De las premisas, la primera se llama premisa mayor y contiene el "predicado" de la conclusión, la segunda se llama premisa menor y contiene el "sujeto" de la conclusión.

Todo silogismo consta de tres términos: dos extremos y un medio. Los términos que entran en la conclusión se llaman "extremos" y el que sirve de nexo entre los extremos y no entra en la conclusión se llama "término medio". Por ejemplo:

Estudiar es servir a la Patria.　　Premisa mayor
Nosotros estudiamos.　　Premisa menor
Luego, nosotros servimos a la Patria.　　Conclusión.

Patria, predicado de la premisa mayor y de la conclusión. *Nosotros* sujeto de la premisa menor y de la conclusión. *Nosotros* y *Patria* son los extremos, mientras que *estudiar* es el término medio.

Reglas del silogismo:

a) Al menos una de las premisas debe ser universal; es decir, de dos premisas particulares no hay conclusión válida.
b) Al menos una premisa debe ser afirmativa; es decir, de dos premisas negativas no hay conclusión válida.
c) De dos premisas afirmativas no puede haber conclusión negativa.
d) La conclusión siempre lleva la peor parte; entre universal y particular, la conclusión es particular; entre afirmativo y negativo, la conclusión es negativa.

Reglas de la distribución de los términos:

Así también, para determinar la validez de un razonamiento silogístico es necesario identificar las reglas de la distribución de términos, tomando en cuenta que:

* *En una proposición **A** el **S** está distribuido y el **P** indistribuido.*
* *En una proposición **E** el **S** está distribuido y el **P** distribuido.*

** En una proposición **I** el **S** está indistribuido y el **P** indistribuido.*
** En una proposición **O** el **S** está indistribuido y el **P** distribuido.*

Consecuentemente las leyes de la distribución de términos señalan:

a) El término medio tiene que estar por lo menos una vez distribuido (Tomado en sentido universal).

b) No puede estar un término distribuido en la conclusión si está indistribuido en las premisas (No es posible, lógicamente hablando, ir de lo particular a lo universal).

ACTIVIDAD N°1

1.- Ejemplifique para cada una de las reglas del silogismo, un caso en el cual no se cumpla dicha regla.
a)

b)

c)

d)

2.- En las siguientes proposiciones identifique si el Sujeto y el Predicado están distribuidos o indistribuidos.
a) Todos los perros son animales que ladran.

b) Ningún robot es humano.

c) Algunos ecuatorianos son famosos.

d) Algunos animales no son domésticos.

3.- Tomando en cuenta las leyes de distribución de términos, escriba en el paréntesis una V si el silogismo es válido o una I si es inválido.

( )   *Todos los hombres son honrados.*
Los alumnos son honrados.
Luego, los alumnos son hombres.

( )   *Los latacungueños son ecuatorianos.*
Los quiteños también son ecuatorianos.
Luego, los quiteños son latacungueños.

( )   *Todo A es B.*
Todo C es B
Luego, Todo C es A

( )   *Ningún X es Y*
Algún X no es W
Luego, Ningún W es Y

( )   *Todo P es Q*
Algún R no es P
Luego, Algún R no es Q

( )   Ningún mamífero es reptil.
Toda serpiente es reptil.
Luego, Ninguna serpiente es mamífero.

IMPORTANTE

3.12. FIGURAS DEL SILOGISMO

Las diferentes estructuras que puede tener el silogismo se denominan figuras del silogismo. Es decir, por "Figura de un silogismo" entendemos la colocación de los "extremos" con relación al "medio", en las premisas de modo que aptamente se pueda concluir. Se señalan cuatro figuras posibles, cada una de las cuales tiene sus propias reglas.

Estas figuras y sus reglas no nos pueden servir para concluir a partir de dos premisas, pues suponen en cuál premisa está el concepto-predicado y en cuál el concepto-sujeto de la conclusión, lo que significa que ya conocemos cuál es la conclusión. Estas figuras y reglas son útiles para comprobar la legitimidad de un silogismo ya resuelto. Antes de aplicar estas reglas debemos cuidar que, en la primera premisa, sitio que corresponde a la premisa mayor, esté el concepto que hace de predicado en la conclusión y que, en la otra premisa, la premisa menor, esté el concepto que hace de sujeto.

Primera figura:

En esta figura el término medio es sujeto de la premisa mayor y predicado de la premisa menor.

$$M \quad es \quad P$$
$$\underline{S \quad es \quad M}$$
$$Luego, \quad S \quad es \quad P$$

Ejemplo:
    Los mortales son hombres.
    Juan es mortal.
    Luego, Juan es hombre.

Reglas:
a) La premisa menor tiene que ser afirmativa.
b) La premisa mayor debe tener extensión universal.

Segunda figura:

En esta figura el término medio es predicado en ambas premisas.

$$P \quad es \quad M$$
$$\underline{S \quad es \quad M}$$

Luego,   S   es   P

Ejemplo:
> Los hombres son mortales.
> Los ángeles no son mortales.
> Luego, los ángeles no son hombres.

Reglas:

a) Una de las premisas ha de ser negativa.
b) La premisa mayor debe tener extensión universal.

Tercera figura:

En esta figura el término medio figura como sujeto de ambas premisas.

> M   es   P
> <u>M   es   S</u>
>
> Luego,   S   es   P

Ejemplo:
> Los guayaquileños son costeños.
> Los guayaquileños son ecuatorianos.
> Luego, algunos ecuatorianos son costeños.

Reglas:

a) La premisa menor tiene que ser afirmativa.
b) La conclusión debe tener extensión particular.

Cuarta figura:

En esta figura, el término medio es sujeto de la premisa menor y predicado de la premisa mayor.

> P   es   M
> <u>M   es   S</u>
>
> Luego,   S   es   P

Ejemplo:
> Los limeños no son ecuatorianos.
> Los ecuatorianos son americanos.
> Luego, algunos americanos no son limeños.

Reglas:

a) Si la premisa mayor es afirmativa, la menor debe ser universal.
b) Si la menor es afirmativa, la conclusión debe ser particular.
c) Si una de las premisas es negativa, la mayor debe ser universal.

ACTIVIDAD N°1

1.- Escriba dos ejemplos personales de silogismos para cada una de las figuras.
Primera figura:
a)

b)

Segunda figura:
a)

b)

Tercera figura:
a)

b)

Cuarta figura:
a)

b)

IMPORTANTE

3.13. MODOS DEL SILOGISMO CATEGÓRICO

Cada una de las premisas de un silogismo puede ser: Universal afirmativa (A), universal negativa (E), particular afirmativa (Y) y particular negativo (O). Es decir, tenemos cuatro posibilidades tanto para la premisa mayor como para la menor, y si combinamos entre sí tendremos 16 combinaciones posibles para cada una de las figuras y como son 4 dan un total de 64. De este total no todos los modos son válidos, algunos de ellos son contrarios a las leyes de la lógica y del silogismo; de ahí que existan 19 modos válidos distribuidos de la siguiente manera:

1) De las 16 combinaciones de la primera figura, sólo 4 concluyen legítimamente: **(AAA), (AII), (AEE) y (EIO).**

2) De las 16 combinaciones de la segunda figura, sólo 4 combinaciones concluyen legítimamente: **(AEE), (EAE), (EIO), (AOO).**

3) Para la tercera figura sólo 6 combinaciones concluyen legítimamente; **(AAI), (IAI), (OAO), (EAO), (AII), (EIO).**

4) Sólo 5 combinaciones concluyen legítimamente en el caso de la cuarta figura: **(AAI), (AIA), (AEE), (EAO), (EIO).**

ACTIVIDAD N°1

1.- Ejemplifique cada uno de los modos válidos del silogismo categórico.
Primera figura:
a)

b)

c)

d)

Segunda figura:
a)

b)

c)

d)

Tercera figura:
a)

b)

c)

d)

e)

e)

Cuarta figura:

a)

b)

c)

d)

e)

3.14. SILOGISMOS IRREGULARES

Existe una clase de silogismos que no se sujetan a las reglas anteriormente citadas, sin embargo, no dejan de ser silogismos. Tales son:

ENTINEMA: es un silogismo en que se sobreentiende una de las dos premisas. Para saber cuál de ellas se ha omitido debemos examinar la conclusión y en ella los extremos.

En el lenguaje corriente encontramos muchos entimemas en los que se calla la premisa mayor: Te ruborizas, luego, eres culpable. Tiemblas, luego tienes miedo.

EPIQUEREMA: es un silogismo en el que una o ambas premisas llevan la razón o prueba de lo que afirma.

> Lo espiritual es indestructible porque es simple.
> El alma humana es espiritual porque es racional.
> Luego, el alma humana es indestructible.

EL SORITES: es una serie de proposiciones encadenadas entre sí, de tal manera que, el predicado de la una sirva de sujeto de la otra y así sucesivamente. La conclusión se elabora con el sujeto de la primera proposición y el predicado de la última.

> Los quiteños son pichinchanos.
> Los pichinchanos son ecuatorianos.
> Los ecuatorianos son sudamericanos.
> Los sudamericanos no son marcianos.
> Luego, los quiteños no son marcianos.

Para que la conclusión sea correcta es necesario que todas las proposiciones sean verdaderas y una deducción coherente, caso contrario tenemos absurdos como el siguiente:

> El que bebe mucho vino se embriaga.
> El que se embriaga duerme bien.
> El que duerme bien no peca.
> El que no peca es un santo.
> El que es santo irá al cielo.
> Luego, el que bebe mucho vino irá al cielo.

POLISILOGISMO: es una serie de silogismos relacionados entre sí de tal manera que la conclusión de uno sirva de premisa para el siguiente y así sucesivamente.

> Los valientes son buenos defensores de la patria.
> Los cobardes no son buenos defensores de la patria.
> Los cobardes no son valientes.
> Los soldados son valientes.
> Los soldados no son cobardes.

Los viciosos son cobardes.
Los viciosos no son soldados.

ACTIVIDAD N°1

1.- Ejemplifique cada uno de los silogismos irregulares citados anteriormente.

a) Entimema:

b) Epiquerema:

c) Sorites:

d) Polisilogismo:

IMPORTANTE

3.15. SILOGISMOS: DISYUNTIVO-HIPOTÉTICO-DILEMA

EL SILOGISMO DISYUNTIVO:

Un buen detective, se ha dicho, al igual que un buen científico, -sobre todo en las ciencias empíricas- es un "lector de indicios", un sabueso para la observación atenta.

Para Edgar Allan Poe, observar con atención es recordar distintamente; el buen detective, como el buen jugador, no sólo valora la exactitud de una deducción, sino también la calidad de la observación; "lo importante y principal es saber lo que se ha de observar". Por la manera de recoger una apuesta, adivina si la misma persona podrá repetir la misma operación después... una palabra accidental o involuntaria, una carta que se cae... el modo de contar lo que se apuesta... la vacilación... la violencia... etc. son para el observador atento preciosos síntomas que diagnostican y revelan el verdadero estado de la situación. Pues bien, el silogismo disyuntivo, así como el silogismo hipotético nos ayudarán a sacarle mayor partido a nuestra atenta observación.

Sabemos que hay tres formas de proposiciones: categóricas, disyuntivas e hipotéticas. El silogismo disyuntivo se caracteriza por poseer un juicio disyuntivo en su premisa mayor y un juicio categórico en su premisa menor, que afirma o niega algo de la disyuntiva. Existen dos tipos de disyunción, una que se denomina "excluyente", pues sólo tolera una posibilidad como verdadera. Ejemplo, "O usted vive después del atentado o muere", "o A o B". Y otra "incluyente", en la que ambas posibilidades se pueden dar o al menos una es verdadera. Ejemplo: "usted paga al detective por su trabajo o desconfía de él". "A o B). Tenemos dos casos de deducción disyuntiva, la primera afirmativa, en que la segunda premisa del razonamiento afirma una parte de la proposición disyuntiva.

Silogismo afirmativo disyuntivo excluyente.	*Disyuntivo incluyente*
O usted vive después del atentado o muere.	En el caso de disyunción incluyente
Usted vivió después del atentado. Luego, usted no murió.	No es posible ninguna conclusión

Y la segunda, negativa, cuando la segunda premisa niega algo de la disyunción.

Silogismo negativo disyuntivo excluyente	*Esquema*
. O usted vive después del atentado o muere.	o P o Q
Usted no vivió después del atentado.	no P
Luego, usted murió.	Luego, Q

Disyuntivo incluyente	
Usted le paga al detective por su trabajo o desconfía de él.	P o Q
Usted no le paga al detective por su trabajo.	no P
Luego, usted desconfía de él.	Luego, Q

SILOGISMO HIPOTÉTICO O POLICIAL:

Los silogismos hipotéticos unidos a una observación atenta son la herramienta lógica fundamental de los detectives. La razón es simple, el detective siempre resuelve un crimen en base a una hipótesis, una suposición. "Confío no engañarme en esta hipótesis, -afirma el detective- pues en ella fundo la esperanza de descifrar todo el enigma". Pero formular suposiciones correctas no es fácil, hay que percibir prolijamente todos los detalles y, además, formular proposiciones y razonamientos hipotéticos coherentes.

Nos hallamos ante un silogismo hipotético cuando, al menos en una de sus premisas, o en dos de ellas, hay una suposición que está formulada hipotéticamente. La forma de las proposiciones hipotéticas puede ser de dos tipos, simbolizada la primera dice "A es B, si es C". Ejemplo: El asesino hará su trabajo, si le pagan bien; la segunda en cambio se formula: "A es B, si C es D". Ejemplo: El asesino hará su trabajo, si su cómplice recibe el dinero. La regla general del silogismo hipotético nos dice que, dado el antecedente, se da el consecuente; no dado aquel no se da éste. Ejemplos:

Primera forma.	*Esquema*
El asesino hará su trabajo, si le pagan bien.	A es B, si es C.
Le pagan bien.	es C
Luego, el asesino hará su trabajo.	Luego, A es B.

| El asesino hará su trabajo si le pagan bien. | A es B, si es C. |

El asesino no hizo su trabajo.   A no es B
Luego, no le pagaron bien.   Luego, no es C

Segunda forma.	*Esquema*
El asesino hará su trabajo si su cómplice recibe el dinero.	A es B si C es D.
Su cómplice recibe el dinero.	C es D.
Luego, el asesino hará su trabajo.	Luego, A es B.

DILEMAS Y PARADOJAS:

Cuando en un silogismo hallamos la combinación de un juicio disyuntivo con juicios o proposiciones hipotéticas que nos conducen inevitablemente a una conclusión en contra, se trata de un "dilema". Los dilemas tienen una función retórica similar a la de las falacias, donde quien se ve enredado en él, no tiene salida. Por ejemplo:

Este hombre cometió su crimen o con conciencia o con placer sádico.
Si lo cometió con conciencia, debe ser condenado (porque sabía lo que hacía).
Si lo cometió con placer sádico, debe ser condenado (por no haber podido controlarse).

La manera de evadirse de un dilema es mostrando las otras posibles alternativas que no presenta.

Por otra parte, pero en el mismo sentido de su ambigüedad se hallan las paradojas. Cuando se parte de una proposición, según la lógica clásica, sólo puede ser verdadera o falsa, que tiene sentido, pero conduce a una contradicción en sí misma, estamos ante paradojas.

Proposiciones como: "Todo lo que en este momento digo es falso", "todo es vanidad de vanidades y sólo vanidad", etc. nos llevan a conclusiones contradictorias, pues, si la proposición es verdad resulta mentira por lo que afirma; si la proposición miente, entonces es cierto lo que dice y se vuelve verdad.

ACTIVIDAD N°1

1.- Ejemplifique los siguientes tipos de silogismos:

a) Disyuntivo excluyente:

b) Disyuntivo incluyente:

c) Hipotético (Primera forma):

d) Hipotético (Segunda forma):

e) Dilema:

f) Paradoja:

2.- Observe cuidadosamente cada rostro del siguiente cuadro, y utilizando una proposición disyuntiva expresar dos estados de ánimo, sentimientos, conductas, etc. que puedan ser expresados con ese mismo gesto facial. Los significados pueden ser excluyentes o no. Realice dos ejercicios como el ejemplo que proponemos con respecto al primer rostro.

"Se le pararon los pelos porque está asustado o recién le está creciendo el cabello"
Esta es una proposición disyuntiva incluyente, el razonamiento negativo de esta proposición sería:

- Se le pararon los pelos porque está asustado o recién le está creciendo el cabello.
- Se le pararon los pelos porque no está asustado.
- Luego, recién le está creciendo el cabello.

3.- Cambie el silogismo de la forma "A es B, si es C" a su negación.

Los dos hombres fueron golpeados, si los robaron.
Los hombres fueron golpeados.
Luego, los robaron.

IMPORTANTE

3.16. SOFISMAS

El sofisma no es otra cosa que un silogismo aparente. Puede realizarse por equivocación, es decir, sin ninguna intención de engañar, en este caso se lo denomina "Parasilogismo"; cuando existe el deseo de engañar tenemos propiamente el "Sofisma".

Sofismas verbales:

LA HOMONIMIA: consiste en usar términos equívocos.

Lo dulce se come.
La esperanza es dulce.
Luego, la esperanza se come.

LA ANFIBOLOGIA: se basa en el sentido confuso de la expresión o en la mala construcción sintáctica.

Vendo telas para señoritas de seda.

POR EL ACENTO: resulta de la mala acentuación de un término, lo cual produce un sentido distinto del verdadero.

La secretaria del ministro.
La secretaría del ministro.

Sofismas del pensamiento:

IGNORANCIA DEL ASUNTO: consiste en probar una cosa distinta a la que se intenta.

El papá de Juanito es santo. Luego, debemos perdonarle a Juanito sus fechorías.

CIRCULO VICIOSOS: cuando queremos demostrar una tesis mediante otra, la cual demostramos a la vez mediante la primera. Matemáticamente podríamos decir: A es B, porque B es A.

Hay orden en el universo porque Dios es sabio.
Dios es sabio porque hay orden en el universo.

SOFISMA DEL ACCIDENTE: consiste en transformar en carácter esencial y universal una circunstancia accidental y particular o viceversa.

El que ejerce una mala influencia es esencialmente malo.
Es así como el Estado social ejerce una mala influencia.
Luego, el Estado social es esencialmente malo.

Sofismas de inducción:

DE OBSERVACION INCOMPLETA: la observación que es el punto de partida de la inducción, o no se ha llevado a cabo o se ha efectuado mal.

Un médico diagnostica sin la debida observación.

DE INTERPRETACION INEXACTA: se considera como causa del hecho lo que no es, de ahí nace la interpretación al gusto de uno. Tal es el origen de no pocas supersticiones.

Superstición con respecto al número 13.
Si no dispone de una herradura en la puerta, no tendrá éxito en los negocios.

DE ENUMERACION INSUFICIENTE: hace que la inducción sea más bien un sofisma.

Porque uno, dos, tres, etc. policías son malos; se saca la conclusión (sofisma) de   que la policía es mala.

ACTIVIDAD N°1

1.- Ejemplifique cada uno de los tipos de sofismas antes indicados.
a)

b)

c)

d)

e)

f)

g)

h)

i)

2.- ¿Considera Ud. de alguna utilidad el empleo de los sofismas en las ciencias y en la vida cotidiana? Explique.

IMPORTANTE

3.17. DIAGRAMACIÓN DE SILOGISMOS

Otra forma de demostrar la validez o invalidez de un silogismo es a través de diagramas de Venn.

La proposición de tipo A (Universal afirmativa) considera que el sujeto está incluido en la extensión universal del predicado. La proposición de tipo E (Universal Negativa), considera que el sujeto y predicado no tienen conexión entre sí, ambos son tomados en su extensión universal. En una proposición de tipo Y (Particular Afirmativa) el sujeto y predicado se toman en su extensión particular y se intersecan parcialmente. En una proposición de tipo O (Particular negativa) parte de la extensión del sujeto se incluye en el predicado, sólo éste se toma en su extensión universal. Ilustramos cada uno de los tipos de proposiciones a través de diagramas de Venn.

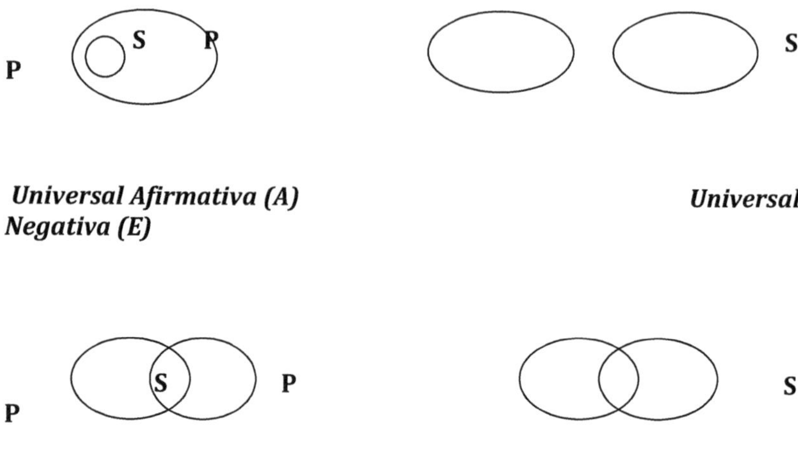

Universal Afirmativa (A)
Negativa (E)

Universal

Particular Afirmativa (Y)
Negativa (O)

Particular

Para que sea un silogismo válido, la conclusión debe estar pintada o diagramada. Si un silogismo tiene una proposición particular, siempre se empieza diagramando la universal.

ACTIVIDAD N°1

1.- Ejemplifique dos silogismos y junto a cada uno de ellos demuestre la validez o invalidez a través de los diagramas de Venn.

a)

b)

c)

d)

2.- Determine utilizando diagramas de Venn la validez o invalidez del siguiente silogismo.

> *Algunos seres humanos son periodistas.*
> *Todos los seres humanos son inquietos.*
> *Algunos periodistas son inquietos.*

V. ARGUMENTACIÓN

OBJETIVO: Elaborar cadenas de razonamientos o argumentos utilizando razonamientos ligados a la vida cotidiana o a las ciencias.

OBSERVACION

Las siguientes actividades correspondientes al pensamiento categorial, debido a su extensión y, para favorecer el cumplimiento del objetivo señalado, serán desarrolladas en hojas aparte. Se recomienda que sean efectuadas a máquina o computadora. De no ser posible, se lo hará con buena letra, cuidando la presentación y calidad requeridas en este nivel.

ACTIVIDAD N°1

a) Escriba en el paréntesis una V si es válido o una Y si es inválido cada uno de los siguientes silogismos.

Todo A es B	*Ningún X es Y*	*Todo P es Q*
Todo C es B	*Todo X es W*	*Algún R es P*
Todo C es A ( )	*Ningún W es Y ( )*	*Algún R es Q ( )*
Todo A es B	*Ningún X es Y*	*Todo P es Q*
Ningún C es A	*Algún X no es W*	*Algún R no es P*
Ningún C es B ( )	*Ningún W es Y ( )*	*Algún R no es Q ( )*
Todo A es B	*Algún X no es Y*	*Ningún P es Q*
Todo B es C	*Todo Z es Y*	*Algún Q es A*
Algún A es C ( )	*Ningún Z no es X ( )*	*Algún A no es P ( )*
Todo A es B	*Ningún X es Y*	*Algún P es Q*
Ningún B es C	*Algún X es Z*	*Todo P es A*
Ningún A es C ( )	*Algún Z no es Y ( )*	*Algún P es A ( )*

b) Formalice y determine la validez o invalidez de los siguientes silogismos

1) Ningún mamífero es reptil.
  <u>*Toda serpiente es reptil.*</u>
  Ninguna serpiente es mamífera.

2) Ningún ecuatoriano es panameño.
  <u>*Todo quiteño es ecuatoriano.*</u>
  Algunos quiteños son panameños.

3) Algunos filósofos son alemanes.
  <u>*Todos los alemanes son europeos.*</u>
  Algunos filósofos no son europeos.

c) Complete, formalice y determine la validez o invalidez de los siguientes silogismos.

1) Toda serpiente es reptil.

  ....
  Toda víbora es reptil.

2) Toda fruta es deliciosa.

  ....
  Ninguna fruta es flor.

3) Algunas ciudades no son contaminadas.

  ....
  Algunas hermosas no son contaminadas.

4) Ningún político es persona neutral.

  ....
  Algunos artistas no son políticos.

ACTIVIDAD N°2

Determine la validez o invalidez de los silogismos citados en la actividad anterior a través de Diagramas de Venn.

ACTIVIDAD N°3

a) Redacte una historia de detectives en la cual aplique lo estudiado con respecto a los silogismos.

(Para facilitar el desarrollo de esta actividad, a continuación, incluimos algunas directrices).

VEINTE REGLAS PARA ESCRIBIR HISTORIAS DE DETECTIVES

La historia detectivesca es como un juego intelectual, más aún, es un evento deportivo. Y para escribirlas hay ciertas leyes definidas. Cada respetable y auto respetable confección de los misterios literarios vive de acuerdo con ellos. Incluso, entonces, es una especie de credo, basada en parte en la práctica de todos los grandes escritores de historias de detectives y, particularmente, en la honestidad del autor y su conciencia interna. Para citar:

1. El lector debe tener la misma oportunidad que el detective para resolver el misterio. Todas las pistas deben ser claramente descritas.
2. Los trucos intencionales o decepciones no pueden ser colocados sobre el lector o los que se convirtieron legítimamente en criminal o detectives.
3. No debe haber intereses amorosos. El negocio por manejar es llevar a un criminal a la barra de la justicia, no llevar una pareja de tortolitos al altar.
4. El detective mismo, o uno de los investigadores oficiales, no debería nunca tratar de ser el culpable. Este es un mal engaño, como ofrecer a alguien un centavo por una moneda de cinco dólares. Son falsas pretensiones.
5. El culpable debe ser determinado por deducciones lógicas, no por accidente o coincidencia, o confesiones inmotivadas. Resolver un problema criminal de esta manera es como evitar al lector a la caza de un ganso salvaje, y decirle entonces, después de su fracaso, que

uno tuvo en la manga el objeto de su búsqueda todo el tiempo. Tal autor no es mejor que un bufón practicante.

6. La novela detectivesca debe tener un detective en ella; y un detective no lo es a menos que él detecte al criminal. Su función es deducir pistas que eventualmente guíen a la persona que hizo el trabajo sucio en el primer capítulo, y si el detective no consigue sus conclusiones a través del análisis o dichas pistas, él no tiene más resuelto el problema que el escolar que consigue sus respuestas aritméticas con trampa.

7. Debe haber sólo un cadáver en la novela y mientras más extraña la muerte, mejor. Un crimen menor que el asesinato no basta. Trescientas páginas son demasiadas para otro crimen que no sea el asesinato. Después de todo el gasto de energía del lector debe ser recompensado.

8. El problema del crimen debe ser resuelto por vías naturales. Tales métodos como escribir en la pizarra, tablas de huija, lectura mental, bolas de cristal y demás, son un tabú. Un lector tiene la oportunidad cuando iguala su ingenio con el de un detective racional, pero si debe competir con el mundo de los espíritus o perseguirlos en la cuarta dimensión de la metafísica, es derrotado antes del inicio.

9. Debe haber sólo un detective, -que es, sólo el protagonista de la deducción- Si hay más de un detective el lector no sabe quién es su coautor. Es como hacer correr al lector una carrera de relevos.

10. El culpable debe tratar de ser una persona que ha participado en una parte más o menos prominente de la historia, es decir, alguien con quien el lector se vea familiarizado e interesado.

11. Un sirviente no debe ser escogido como el culpable. Es una noble pregunta que hace y una solución facilísima. El culpable debe ser alguien que valga la pena y que sea difícil sospechar de él/ella.

12. Debe haber sólo un culpable, no importan cuantos crímenes o asesinatos se hayan cometido. El culpable podría, por supuesto, tener un ayudante o cómplice; pero el resto de la responsabilidad debe recaer en un par de hombros. Toda la indagación del lector debe concentrarse en sólo una naturaleza negra.

13. Sociedades secretas, camorras, mafias, etc. no se utilizan en estas novelas. Un asesinato fascinante y verdaderamente hermoso es estropeado por tal culpabilidad. Para estar seguro, al asesino en la novela se le debe dar la oportunidad de divertirse un poco; pero se va alejando para otorgarle un secreto de sociedad para retroceder.

14. El método del asesinato y el modo de detectarlo debe ser racional y científico. Es decir, pseudociencia, imaginación y artificios especulativos no se toleran. Una vez que el autor se encumbra en el

reino de la fantasía, a la manera de Julio Verne, está fuera del límite de la ficción del detective.

15. La verdad del problema debe ser siempre aparente, para proveer al lector la bastante sagacidad para verla. Si el lector, después de aprender la explicación del crimen, decide releer, vería si tenía la solución, en un sentido, viéndolo en la cara, si todas las pistas apuntan al culpable; o si él ha sido tan inteligente como el detective, podría resolver él mismo el misterio sin llegar al final del libro. El lector inteligente, a veces, resuelve el problema sin decírselo.

16. Una novela no debería contener largos pasajes descriptivos, jugueteos literarios, preocupaciones atmosféricas, etc. Tales temas no tienen un lugar vital en un registro de crimen o deducción. Desde luego, debe haber una suficiente descripción y delineamiento de caracteres para dar a la novela veracidad.

17. A un criminal profesional no se le debe cargar con la culpabilidad del crimen de la novela. Los crímenes de rateros y carteristas son de la policía. Un crimen fascinante es cometido en la columna de una iglesia por una solterona conocida por sus caridades.

18. Un crimen en la novela no debe ser por accidente o suicidio. Finalizar con una odisea de tal magnitud es como burlarse de la creencia del lector.

19. Los motivos deberían ser personales. Conspiraciones internacionales y guerras políticas son distintas categorías de ficción, cuentos del servicio secreto, por ejemplo. Debe reflejar las experiencias diarias del lector y darle salida a sus emociones y deseos reprimidos.

20. Y ahora se enumeran unos pocos artificios que no autorrespetan la novela del escritor. Usarlos es una confesión de ineptitud del autor y de la falta de originalidad) Determinar la identidad del culpable comparando la colilla de un cigarrillo dejado en la escena del crimen con la marca fumada por un sospechoso. b) La falsa espiritualidad para aterrorizar al culpable para entregarse. c) Falsas huellas digitales. d) La coartada de la figura del muñeco. e) El perro que no ladra y así revela el hecho de que el intruso es familiar. f) Asegurar el final del crimen en un gemelo o un pariente parecido al sospechoso, pero inocente. g) La jeringa hipodérmica y caídas de Knock-out. h) El asesinato en un cuarto cerrado después de que la policía haya entrado. y) El test de asociación de palabras. j) El código o cifra de letras, no revelado por el detective.

VI. DESARROLLO ACTITUDINAL

OBJETIVO: Demostrar actitudes de valoración del razonamiento silogístico como parte de la estructura del lenguaje cotidiano.

Demostrar actitudes de cooperación en la construcción y sistematización de razonamientos a partir del trabajo individual y grupal.

DINAMICA GRUPAL N°1

Objetivo: valorar el razonamiento silogístico y su relación con el lenguaje cotidiano y la experiencia personal.

Proceso:

a) Seleccione y escriba un silogismo que manifieste su convicción con respecto a la vida.

b) Selecciones y escriba un silogismo que manifieste su punto de vista con respecto a la pobreza.

c) Seleccione y escriba un silogismo que exprese su opinión con respecto a los amigos.

d) Seleccione y escriba un silogismo que ponga de manifiesto su pensamiento sobre la familia.

e) Seleccione y escriba un silogismo que explique su pensamiento sobre el deporte.

A continuación, reunirse en grupos y comentar lo realizado.

Evaluación:

a) ¿Cómo puede mejorar y organizar su vida personal en los aspectos referidos en la fase anterior?

b) ¿Considera importante manifestar el punto de vista personal mediante razonamientos lógicos? Explique su respuesta.

c) ¿Por qué considera Ud. que buena parte de personas adultas en lugar de explicar sus pensamientos y acciones mediante de razonamientos lógicos, lo hacen utilizando sofismas y razonamientos erróneos?

d) ¿Considera Ud. que buena parte de la publicidad está fundamentada en silogismos o se trata simplemente de una serie de tretas para engañar al consumidor? Explique su respuesta.

DINAMICA GRUPAL N°2

Objetivo: demostrar actitudes de creatividad, rigor intelectual y cooperación en la resolución de casos.

Proceso:

a) Lea con atención el siguiente caso:

Un método muy común para vender mercancías de mediana calidad es mediante ofertas. Nuestro caso tiene que ver con un anuncio que apareció en periódicos y revistas de gran difusión en un país de Europa.

¡UNA BICICLETA POR 10 DOLARES!
Cualquiera puede obtener una bicicleta,
invirtiendo sólo 10 dólares.
¡APROVECHE ESTA OCASION UNICA!
10 dólares en lugar de 50.
Remitimos gratuitamente el prospecto
con las condiciones de compra.

Había no pocas personas que seducidas por el fascinador anuncio, solicitaban las condiciones de esa compra extraordinaria. En respuesta, cada persona recibía un prospecto que decía lo siguiente: "Por el momento por 10 dólares no le podemos enviar su bicicleta, sino sólo 4 cupones que tiene que distribuir, a 10 dólares, entre cuatro conocidos suyos. Los 40 dólares recogidos deben remitírsenos y entonces le mandaremos su bicicleta".

b) ¿Puede Ud. como perspicaz consumidor razonar dónde está el fraude de tal oferta?

c) *Reunirse en grupos y comparar la solución.*

Evaluación:

a) ¿Qué sentimientos experimentó mientras desarrollaba la fase anterior?

b) ¿Qué conclusiones puede compartir con respecto al ejercicio realizado?

c) ¿Resulta éticamente responsable que, por vender un producto o una idea se utilice cualquier clase de artimañas o falacias? ¿Cómo se sentiría Ud. si procediera de esa manera?

d) ¿Cómo juzgaría Ud. el papel de los medios de comunicación en cuanto a las campañas publicitarias que implementan?

4. LÓGICA Y PENSAMIENTO CATEGORIAL

INTRODUCCIÓN

El Desarrollo del pensamiento, entendido como la capacidad de operar con razonamientos y construir argumentos coherentes y sistemáticos, implica desde la lógica contemporánea el estudio del simbolismo lógico y el cálculo proposicional.

Uno de los problemas más comunes, a la hora de construir argumentos coherentes y válidos estriba en su dificultad para pensar "relaciones abstractas", esto es, despojar a las ideas de su contenido particular para ver su "forma" de relación. Cuando alguien suma "a+a=2a"; o multiplica "5x5=25", no piensa en ninguna cosa particular, sino en una operación abstracta y vacía.

La lógica contemporánea es "vacía" como las operaciones matemáticas. Por ello se denomina con el nombre de lógica matemática. En realidad, pensar en la "forma" de las ideas usando el lenguaje natural o común tiene sus limitaciones. Es difícil darse cuenta de la "forma" subyacente si el lenguaje es ambiguo y se presta a múltiples interpretaciones. En cambio, al usar un lenguaje técnico o simbólico las "formas lógicas" de los argumentos quedan al descubierto de una manera mucho más clara. La lógica matemática es, por esto, incomparablemente más poderosa como herramienta de análisis y deducción que la lógica antigua.

El simbolismo de la lógica contemporánea, en síntesis, facilita no sólo la correcta construcción de los argumentos, sino también muestra la abstracta naturaleza del razonamiento deductivo. Al hacer uso de la lógica matemática y ser capaz de simbolizar argumentos y relaciones lógicas, se dispone de una herramienta fundamental en su trabajo intelectual, incrementando con ello, no sólo su capacidad de abstracción, sino, a la vez, la capacidad de ordenar y deducir.

1. COGNITIVO: Comprender que la lógica contemporánea utiliza símbolos para representar las proposiciones y sus relaciones; donde el análisis de las estructuras o formas lógicas y de las inferencias correctas se realiza a través del cálculo proposicional.

2. PROCEDIMENTAL: Desarrollar habilidades para resolver ejercicios de lógica simbólica utilizando reglas de inferencia.

3. ACTITUDINAL: Demostrar actitudes de valoración de la lógica matemática para construir razonamientos que impliquen el significado existencial y la responsabilidad ante la vida personal y social.

CONTENIDOS

COGNITIVOS:
* El lenguaje simbólico.
* Proposiciones atómicas y moleculares.
* Juntores lógicos.
* Valor de verdad.
* Leyes lógicas.
* Equivalencias notables.
* Implicaciones notables.

PROCEDIMENTALES:
* Construcción de razonamientos utilizando proposiciones moleculares.
* Resolución de ejercicios de cálculo proposicional utilizando tablas de verdad.
* Resolución de ejercicios de lógica simbólica utilizando reglas de inferencia.

ACTITUDINALES:
* Valoración de la lógica simbólica.
* Cooperación en la construcción de razonamientos.
* Responsabilidad en la utilización de los conocimientos

I. DIAGNÓSTICO Y NIVELACIÓN

OBJETIVO: Comprender, a partir de experiencias cotidianas, que el lenguaje simbólico es una realidad fundamental del ser humano.

LECTURA

4.1. LENGUAJE Y PENSAMIENTO

La relación entre lenguaje y pensamiento es un problema que hasta el momento no tiene una solución satisfactoria y definitiva. Para el estudio de dicha relación existen dos puntos de vista; uno teórico y otro empírico. El teórico parte de los conceptos de lenguaje y pensamiento, para analizar y establecer sus mutuas relaciones. El empírico toma como base los datos de la sicología del desarrollo del individuo, tanto en su proceso de adquisición de ideas y las formas de expresión de éstas, y su aspecto anormal como es el caso de las perturbaciones por retardo mental, sordera, etc.

En el aspecto teórico se dan dos posiciones: la primera afirma que el lenguaje y pensamiento constituyen una sola realidad. Por esta razón decimos que un mismo pensamiento puede ser expresado en lenguas diferentes sin que por ello se modifique su contenido, es decir el mensaje del pensamiento es el mismo, sólo que cambia la lengua. Con esto comprobamos que sin el lenguaje no existe el pensamiento, éste lo materializa; y sin pensamiento no existe lenguaje, éste lo crea, lo elabora y lo estructura para ser viabilizado por el lenguaje. Tanto el lenguaje como el pensamiento son dos realidades que se dan en un solo momento, no existen por separado.

La segunda posición sostiene que lenguaje y pensamiento son dos realidades que existen independientemente. El lenguaje viene a ser la parte externa del pensamiento; el pensamiento la parte interna del lenguaje. El pensamiento es un acto mental puro y el lenguaje es la expresión verbal que materializa el pensamiento.

Para tener un concepto preciso de lenguaje y pensamiento es necesario tratar éstos por separado y entonces tendremos un concepto libre y objetivo.

El lenguaje por ser material se lo puede estudiar en forma objetiva: como facultad de hablar, más estrictamente como sistema de signos fono-acústicos. En cambio, resulta más complicado precisar el concepto de pensamiento, conocemos de antemano que nuestra vida es una actividad mental diaria, sabemos lo que pensamos, estamos convencidos de que elaboramos ideas y que en base a éstas podemos tejer nuestras propias opiniones sobre las cosas. Pero si queremos definir qué es el pensamiento, qué son las ideas, qué son las opiniones, no podríamos dar en cada una de estas acepciones respuestas concretísimas y definitivas. Sabemos que la sicología, a través de las expresiones del individuo, conoce su estado interior, lo cual nos sitúa en un campo o laberinto de los procesos anímicos de cada ser, cómo piensa o cómo actúa frente a tal o cual estímulo de su entorno. Esto nos lleva a pensar que es imposible ver con claridad cómo se estructuran los pensamientos en nuestra mente.

Existe una ciencia que, en parte, puede aportar y dar luces sobre el pensamiento, ésta es la lógica. La lógica estudia el orden de las ideas para dar forma concreta y específica a las cosas pensadas, sus leyes permiten que las cosas pensadas tengan relación y elaboren conceptos claros, precisos y que sean razonados, o sea, entendidos por quienes los escuchan. Para la realización de todo lo dicho habría que partir del mundo de los conceptos que se hallan acumulados en la mente producto de experiencias y vivencias, y entonces habría una relación lenguaje-pensamiento-lenguaje.

Visto así el problema y no seguros de dar la solución definitiva, vemos que existe un lenguaje que es la expresión intencionada del pensamiento basada en reflexiones y razonamientos que tienen la intención de comunicar algo a alguien. (Ejemplo: tienes que estudiar para ganar el año -intención-). Otro lenguaje es el de tipo automático por palabras cortas, en donde apenas interviene la reflexión y el razonamiento. (Ejemplo: café. -en vez de: sírvame una taza de café-).

Finalmente se puede establecer que la relación entre lenguaje y pensamiento es una cuestión teórica y no acabada por las diferentes interpretaciones que dan los lingüistas a estos términos. En lo que tiene que ver con el punto de vista de los empíricos, éste puede tener un valor ilustrativo para detectar casos o anomalías del individuo, sin que jamás puedan aportar una explicación final.

ACTIVIDAD N°1

1.- Identifique en la lectura anterior tres ejemplos de silogismos y anótelos a continuación.
a)

b)

c)

2.- ¿Cuál es su opinión con respecto a la pregunta implícita en la lectura anterior con respecto a si el lenguaje antecede al pensamiento, o éste al lenguaje?

3.- ¿Qué son los símbolos y cuál es la importancia que tienen para el hombre?

4.- ¿Usan los animales símbolos en su comunicación? Explique.

5.- ¿Qué características tienen los símbolos humanos?

LECTURA

4.2. EL LENGUAJE Y LA PUBLICIDAD

La publicidad como todo lenguaje es una representación de la realidad. El lenguaje es una mediación entre la conciencia del hombre y su mundo. Y, antes que ser lo que media para separarnos, es la forma en la que el hombre se acerca, comprende y transforma el mundo. El lenguaje medio de doble manera: es una mediación comunicativa expresada a través de signos, y es también una mediación cognoscitiva expresada a través de conceptos, pues, sin lenguaje no podríamos expresar ideas, ni mucho menos pensarlas. Como dice Benveniste: "El pensamiento no es otra cosa que este poder de construir representaciones de las cosas y de operar sobre dichas representaciones. Es por esencia simbólico".

El hombre desde un punto de vista lingüístico podría ser definido como el único animal simbólico, pues es en, para, y por su capacidad simbólica que ha sido capaz de inventar el lenguaje, categorizar la realidad e incluso, vivir en sociedad.

El anuncio publicitario es también un lenguaje o más precisamente, un mensaje hecho con un complejo sistema de signos. Signos que están relacionados lógicamente, esto es, están organizados formando un todo único. Cada palabra, cada detalle de una imagen, no son ni casuales ni inocentes, tienen una intención fijada que penetra invisiblemente en los gustos, necesidades y hasta valores de los individuos.

La publicidad hace múltiples usos del lenguaje, se vale de lo que podríamos pensar como las funciones de la comunicación humana. Estas funciones son como los roles, las finalidades que se buscan en el momento de comunicar algo. Cada uno de los elementos de la comunicación determina una función del lenguaje, siendo éstas:

referencial, emotiva, conativa, metalingüística, poética y fática.

La publicidad, sin embargo, no sólo intenta convencer a través de órdenes encubiertas, la emotividad y la estética de los slogans, hay también el uso de formas lógicas en las que aparentemente se "razona", se "demuestra argumentalmente" la calidad de los productos. Este uso de falsos razonamientos es lo que se llaman "falacias". Cuando el dentista dice que su experiencia de diez años demuestra que el mejor cepillo dental es...; cuando se dice que consumiendo tal marca "nacional" se ayuda al engrandecimiento del país...; o cuando la famosa y bella actriz baña su cuerpo espumoso en el jabón marca... y lo recomienda como el mejor. En todos estos casos hablamos de falacias, de falsos razonamientos.

ACTIVIDAD N°1

1.- ¿Cuál es la diferencia entre los auténticos razonamientos y los falsos razonamientos?

2.- Consulte y Escriba en qué consiste cada una de las funciones del lenguaje. Ejemplifique.
a) Función referencial:

b) Función emotiva o expresiva

c) Función conativa o directiva

d) Función fática

e) Función metalingüística

f) Función poética

3.- Elabore una publicidad, utilizando las funciones del lenguaje. Puede idearse un slogan, una marca, el mensaje propiamente dicho y el producto de venta.

4.- Tomando en cuenta la mejor publicidad que ha leído, visto u oído; analícela e identifique los razonamientos falaces. Luego perfecciónela utilizando razonamientos auténticos.

II. APROXIMACIÓN

OBJETIVO: Obtener una visión preliminar y de conjunto sobre el simbolismo lógico y sus elementos principales.

IMPORTANTE

4.3. EL SIMBOLISMO LÓGICO

Las matemáticas y el álgebra expresan relaciones de abstracciones y no de cosas. La lógica estudia estructuras: conceptos, proposiciones y razonamientos. Estas estructuras son formas y no contenidos. Por ello, el simbolismo lógico representa como la matemática formas vacías.

El estudio de la lógica matemática capacita a la persona para razonar con rigor, utilizando un lenguaje simbólico que exprese el aspecto cuantitativo de la realidad. Es evidente entonces, que uno de los primeros fines perseguidos es el dominio de ese lenguaje, el conocimiento exacto de esos símbolos, de sus propiedades y de las relaciones lógicas que pueden existir entre ellos.

La lógica matemática constituye la base de varias disciplinas, particularmente de aquellas que tienen que ver con la "cibernética". Además, hoy en día se ha convertido en uno de los factores más importantes como instrumento de análisis en casi todos los campos científicos.

El objeto de la lógica simbólica no es otro que simplificar y superar los problemas que representaba la lógica formal (lógica de Aristóteles) a base de las matemáticas. En la lógica formal existían muchos equívocos, debido principalmente a la diversidad de términos en los diferentes idiomas e inclusive en un mismo idioma; esto se ha superado por medio de un elemento común: las matemáticas, y dentro de ellos, los signos.

Más o menos en el siglo XVII comienza un desarrollo pocas veces igualado de la ciencia matemática, aparece la geometría analítica y el cálculo infinitesimal. Ese influjo se dejó notar a principios de siglo en la lógica, la matematización se había introducido en la filosofía dando lugar a la lógica simbólica. Al principio se pensó que esta lógica era algo opuesto a la lógica tradicional; sin embargo, con el correr del tiempo se ha demostrado todo lo contrario, es decir, que la lógica simbólica es más formalista que la misma lógica formal.

En efecto, la lógica tradicional era formal porque no le interesaba el contenido y se preocupaba esencialmente de la forma; pues bien, la lógica simbólica lleva a un mayor formalismo ya que expresa siempre de la misma manera un mismo tipo de pensamiento, sirviéndose de unos mismos signos. Según esto, podemos afirmar que la lógica simbólica no significa una ruptura con la lógica formal, sino que más bien la ha perfeccionado creando medios e instrumentos mucho más adecuados.

La lógica simbólica se caracteriza por la formalización (utilización de símbolos como si fueran simples signos materiales, sin tener en cuenta su significación -una ecuación es un lenguaje formalizado), cálculo (sabiendo las reglas de la sintaxis podemos decir que sabemos utilizar un signo, las operaciones que se pueden hacer con los signos se llama cálculo), simbolización (la lógica llama signo a todo signo de cálculo, de allí que la lógica simbólica utiliza signos artificiales. Axiomatización (la lógica es una construcción sistemática, es decir, va de lo simple a lo complejo, esto en lógica simbólica significa que deben existir ciertos elementos aceptados por todos y que no necesitan demostración, estos se llaman "axiomas o postulados".

ACTIVIDAD N°1

1.- ¿Podrían existir símbolos para representar realidades vacías? ¿Pueden existir símbolos que no representen ninguna cosa particular?

2.- Elabore el Organizador de ideas con su respectivo micro ensayo sobre el término "Lógica simbólica".

3.- Establezca algunas semejanzas y diferencias ente la lógica simbólica y la aristotélica.
a) Semejanzas:

b) Diferencias:

4.- ¿Qué significa simbolizar?   ¿Cuáles son las ventajas de la simbolización lógica del pensamiento?

IMPORTANTE

4.4. CONCEPTOS BÁSICOS DE LÓGICA SIMBÓLICA

Proposición:

Es una expresión que puede ocupar un lugar por sí misma y que su valor lógico puede ser verdadero o falso. Ejemplo: "María está regando las plantas". Pero "X está regando las plantas." no es una proposición ya que no es verdadero ni falso. Se convierte en una proposición cuando la "x" se sustituye por una constante, en este caso por "María".

De otra forma, se puede decir que proposición es todo conjunto de palabras que tenga sentido lógico, y del que se puede averiguar si es verdadero o falso, pero nunca puede ser verdadero y falso simultáneamente. Ejemplo: "El sol da calor", cuyo valor lógico es verdadero.

Las proposiciones se clasifican en dos: proposiciones simples, atómicas o elementales y compuestas o moleculares.

Proposición simple o atómica:

Es aquella proposición que está formada por un sujeto y un solo predicado. Se puede decir también que es aquella que no se puede descomponer en otras proposiciones más sencillas. Ejemplo: "Eloy Alfaro nació en Ecuador".

Proposición compuesta o molecular:

Es aquel enunciado que está formado por dos o más proposiciones simples. Ejemplo: "María barre, canta y no fuma".

Constante:

Es una expresión que se considera que posee un significado definido y que es parte de un enunciado. Ejemplo: "María", "Francia", "Este libro".

Variable:

Es una expresión que no posee significado definido, sino que sirve exclusivamente para indicar un espacio en que puede colocarse una constante. Ejemplo: Si retrocedemos al ejemplo anterior "X está regando las plantas", la variable es "X", X es una variable individual, igual que en el caso anterior la sustituimos por una constante que puede ser "Luis", y forma la proposición "Luis está regando las plantas".

Simbolización de proposiciones-conectores lógicos:

La lógica formal no se ocupa del contenido de las proposiciones, sino solamente de su estructura y su forma, es así como esta lógica formal será vista bajo el aspecto de la lógica matemática, utilizando símbolos y métodos matemáticos. Entonces, una proposición está determinada por letras minúsculas o mayúsculas a las que denominamos letra proposicional.

En la estructura de una proposición molecular o compuesta intervienen proposiciones simples o atómicas y unos elementos gramaticales denominados "conectores o conectivos lógicos", que actúan de nexo entre ellos, que, a su vez, pueden servir para enlazar proposiciones compuestas para construir otras más complejas.

Los elementos gramaticales que conectan proposiciones pueden reducirse a muy pocos, aunque a veces, por razones de estilo pueden presentar apariencias distintas.

De los elementos llamados conectivos suelen considerarse cinco de ellos: "no", "y", "o", "si...entonces", "...si y sólo si...". Los mismos que están representados simbólicamente por sus signos, los cuales permiten construir nuevas proposiciones mediante las operaciones lógicas, dando lugar a la formación de representaciones simbólicas, utilizando signos de agrupación para definir el alcance de cada conectivo.

El lenguaje matemático debe ser lo suficientemente preciso para que, en todo caso y sin ambigüedad, estén claras las estructuras de las proposiciones que se manejan.

La presencia de proposiciones implica, además, la presencia de valores de verdad que se combinan en una tabla, las mismas que permiten determinar si una proposición molecular es verdadera o falsa.

ACTIVIDAD N°1

1.- Elabore un cuadro sinóptico en el cual sintetice los aspectos principales de cada uno de los conceptos básicos inherentes a la lógica simbólica.

2.- Señale cada proposición atómica con una A y cada proposición molecular con una M. Escribir junto a cada proposición molecular el término de enlace utilizado.

a) La comida será hoy a las tres en punto.   ( )
b) El gran oso negro andaba perezosamente por el camino de abajo.
                                                            ( )
c) La música es muy suave o la puerta está cerrada.   ( )
d) A este perro grande le gusta cazar gatos.   ( )
e) Luis es un buen jugador o es muy afortunado.   ( )
f) Si Luis es un buen jugador, entonces participará en el partido del colegio.   ( )
g) California está al oeste de Nevada y Nevada al oeste de Utah.   ( )
h) Se puede encontrar a Juan en casa de Susana.   ( )
i) A las focas no les crece el pelo.   ( )
j) El sol calentaba y el agua estaba muy agradable.   ( )
k) Si aquellas nubes se mueven en esa dirección, entonces tendremos lluvia.   ( )
l) Esta proposición es atómica o molecular.   ( )

III. CONCEPTUALIZACIÓN

OBJETIVO: Comprender que la simbolización lógica implica el uso de variables e indicadores y que las variables implican valores de verdad binarios que se combinan en tablas de verdad.

IMPORTANTE

4.5. LÓGICA PROPOSICIONAL

La diferencia entre proposiciones atómicas y moleculares está en que las moleculares se forman don dos o más atómicas unidas por juntores o conectores lógicos (y, o, si...entonces, ...si y sólo si...).

En Quito llueve y la gente se cubre.

Realizamos el análisis de la estructura de esta proposición:

Proposición atómica 1 **y** *Proposición atómica 2.*
   Quito es la capital del Ecuador o viajamos a Cuenca.

Proposición atómica 1 **o** *Proposición atómica 2.*
   Los políticos son honestos y sabios o el Ecuador se derrumba.

Proposición atómica 1 **y** **Proposición** *atómica 2* **o** *Proposición atómica 3.*
   Para realizar el análisis lógico es necesario pasar del lenguaje con contenidos a un lenguaje simbólico, a un lenguaje formalizado. Para ello es necesario identificar algunos elementos del lenguaje simbólico.

Variables: son símbolos que representan a cada una de las proposiciones atómicas, empleando para ello letras minúsculas del alfabeto; p, q, r, s...

   Quito es la capital del Ecuador o viajamos a Cuenca.
      p *o* ***q***

Valores de verdad: son símbolos que representan la verdad o falsedad de las proposiciones.

   Verdadero = **V** o el número **1**

Falso   =**F** o el número **0**

Conectores o Juntores: son símbolos que se utilizan para enlazar unas proposiciones con otras. Son de dos tipos:

Monádicos: que afectan a una sola proposición atómica. A este grupo corresponde la Negación. (No, nunca, jamás, no es verdad, no es el caso, es contradictorio, no es cierto, no es posible, es falso que...), su símbolo es "~". (~p)

Diádicos: que afectan a dos o más proposiciones. A este grupo corresponden la conjunción, disyunción inclusiva, disyunción exclusiva, condicional y bicondicional.

Símbolos auxiliares: se utilizan algunos símbolos para agrupar las variables en parejas. Entre otros están: paréntesis ( ), corchetes [ ], llaves { }, barras / /.
$$\{(p. q)\rightarrow\{r \lor (p\leftrightarrow s)]\}$$

ACTIVIDAD N°1

1.- Forme cuatro proposiciones moleculares utilizando las proposiciones escritas a continuación junto con un término de enlace.
   a) El viento sopla muy fuerte.
   b) Pablo podría ganar fácilmente.
   c) La lluvia puede ser la causa de que abandone la carrera.
   d) Veremos qué planes hay para mañana.
   e) Todavía tendríamos tiempo de llegar a las siete.
   f) El amigo de Juan tiene razón.
   g) Estábamos confundidos respecto a la hora de la junta.

   1.

   2.

   3.

4.

2.- Simbolice las proposiciones siguientes:
   a) En el hemisferio Sur, Julio no es un mes de verano.

   b) Los tubos de neón no son incandescentes.

   c) No ocurre que a todos los ingresos les correspondan impuestos proporcionales.

   d) Marte no está tan cercano al Sol como la Tierra.

   e) Texas no es el mayor estado en los Estados Unidos.

3.- Simbolice las proposiciones siguientes utilizando el símbolo correspondiente para cada término de enlace.
   a) No ocurre que (r).

   b) No (q)

   c) No (h)

   d) No ocurre que (t).

   e) No (j).

IMPORTANTE

4.6. JUNTORES DIÁDICOS

Conjunción: en el lenguaje ordinario se utiliza el "y", pero, sin embargo, aunque, además, tanto como, no obstante, sino... Su símbolo es "**.**" (p. q)

*Quito es una ciudad hermosa **y** grande.*

Disyunción inclusiva: en el lenguaje ordinario se utiliza: "o, u, ya, bien, sea, ora, alternativa de, a menos que, disyuntiva...". Su símbolo es "**v**". (p v q)

*Vamos de paseo **o** conversamos.*

Disyunción exclusiva: en el lenguaje ordinario se utiliza: "o, o bien-o bien, o solo...o solo, no hay más que dos posibilidades, radicalmente opuesto, exclusión...". Su símbolo es "**w**". (p w q).

*Estás en la casa **o** estás en el cine.*

Condicional: en el lenguaje ordinario se utiliza:" si... entonces, siempre que, con tal que, ya que, porque, en vista de que, implica, concluye, por lo tanto, da lugar a, resulta que, solo si, cuando...". Su símbolo es "$\rightarrow$". (p$\rightarrow$q)

Si *hace frío **entonces** tomamos un café.*

Biocondicional: en el lenguaje ordinario se utiliza: "sí y solo si, equivale a, quiere decir, es decir, vale decir, cuando y solo cuando, es igual a, es lo mismo que...". Su símbolo es "$\leftrightarrow$". (p$\leftrightarrow$q).

*Estudiamos **si y solo si** conseguimos los libros.*

**** Reglas de prioridad de los símbolos:*** en proposiciones que tienen más de un término de enlace es preciso indicar la manera de agruparse, pues distintas agrupaciones pueden tener distintos significados. En lengua castellana, las agrupaciones se presentan de acuerdo con la colocación de ciertas palabras, o mediante la puntuación. En lógica la agrupación se expresa por paréntesis. La conjunción (p v q). r tiene distinto significado que la disyunción p v (q. r), a pesar de tener las mismas proposiciones atómicas y los mismos términos de enlace. Se necesitan los paréntesis para indicar cuándo un término de enlace domina la proposición, si no es el término de enlace más fuerte en la proposición. "No" es el más débil; después siguen "y" y "o" que tienen la misma potencia; y "si... entonces" es el más fuerte. Sin embargo, cada término de enlace puede dominar, si lo indica el paréntesis.

ACTIVIDAD N°1

1.- Simbolizar las proposiciones siguientes, indicando el agrupamiento por medio de paréntesis cuando sea necesario.
   a) O Pedro es presidente y Juan es tesorero, o Jaime es tesorero.

   b) Pedro es presidente, y o Juan es tesorero, o Jaime es tesorero.

   c) O Ramón es su hermano y Rosa es su hermana o Javier es su hermano.

   d) Si Juan está en la clase 1, entonces Álvaro está en la clase 3 y 'él; está en la clase de Química.

   e) A la vez si Álvaro está en la clase 3, entonces él está en la clase de Química y Juan no está en la clase 1.

   f) Si se conoce el período de movimiento de la Luna y se sabe la distancia de la Tierra a la Luna, entonces se puede calcular la aceleración centrípeta de la Luna.

g) No todas las regiones de África tienen un clima cálido y húmedo y no toda el África ecuatorial es una tierra de vegetación espesa y exuberante.

h) No ocurre que, o las estrellas muy lejanas presentan paralaje o aparecen en el telescopio como discos.

2.- Elabore el Organizador de ideas con su respectivo micro ensayo sobre el término: "Conectores lógicos".

IMPORTANTE

4.7. LAS TABLAS DE VERDAD

Utilizando las tablas de verdad se muestran los resultados de los diferentes juntores. Cada variable tiene un valor de verdad y las reglas dependen de cada juntor.

Negación: si p es verdadero no-p es falso y viceversa.

p	$\sim p$
1	0
0	1

Conjunción: la conjunción es verdadera solo en el caso en que los valores de verdad de las variables sean verdaderos, en los demás casos es falsa.

(p	·	q)
1	1	1
1	0	0
0	0	1
0	0	0

Disyuncion inclusiva: la disyunción inclusiva es falsa solo en el caso en que los valores de verdad de las variables sean falsas, en los demás casos es verdadera.

(p	v	q)
1	1	1
1	1	0
0	1	1
0	0	0

Disyuncion exclusiva: la disyunción exclusiva es verdadera cuando uno de los valores de verdad de las variables sea verdadero; si ambos son verdaderos o ambos falsos entonces la disyunción es falsa.

(p	w	q)
1	0	1
1	1	0
0	1	1
0	0	0

Condicional: el condicional es falso solo en el caso de que el antecedente sea verdadero y el consecuente falso; en los demás casos el condicional es verdadero.

(p	→	q)
1	1	1
1	0	0
0	1	1
0	1	0

Bicondicional: el bicondicional es verdadero en los casos en que las dos variables sean verdaderas o falsas; en los demás casos el bicondicional es falso.

(p ↔ q)
1   1   1
1   0   0
0   0   1
0   1   0

ACTIVIDAD N°1

1.- Complete el siguiente cuadro de acuerdo con el ejemplo.

TABLAS DE VERDAD

NOMBRE	LENGUAJE NATURAL	LENGUAJE LOGICO	EXPRESION PROPOSICIONAL	TABLA DE VERDAD	
Negación	No, es falso, no es posible, no es del caso, no es verdad, etc.	~	~ p	p 1 0	q 0 1

IV. DESARROLLO DE HABILIDADES

OBJETIVO: Demostrar habilidades para simbolizar razonamientos e identificar su estructura

IMPORTANTE

4.8. FORMALIZACIÓN DE RAZONAMIENTOS

<u>Algunos criterios para la formalización:</u>

- Cada proposición es una variable (p, q, r, s....). Es necesario identificar las proposiciones simples.
- Identificar los juntores que están presentes en la proposición molecular.
- En caso de que se repita la misma proposición es necesario reemplazarla por la misma variable.
- Hay que recordar que entre dos proposiciones hay un solo juntor diádico.
- Agrupar las proposiciones de dos en dos, de acuerdo con el sentido y a la puntuación. Al interior de un paréntesis solo pueden ir dos proposiciones.
- Al final de la formalización solo quedan dos grandes grupos de proposiciones.
- Una vez formalizado, compaginar con la proposición original para identificar su coincidencia.

Ejemplo:

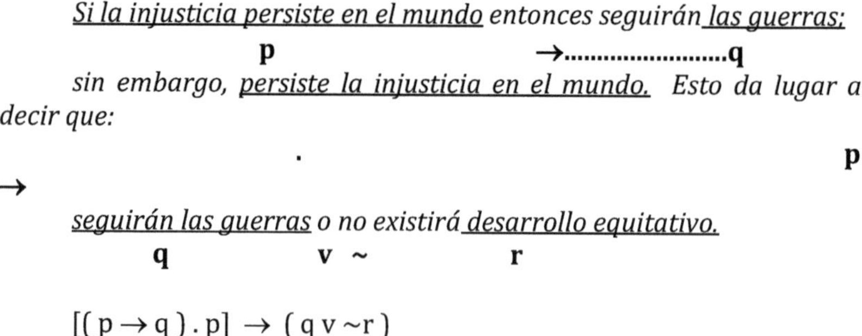

$$[(p \rightarrow q) \cdot p] \rightarrow (q \vee \sim r)$$

ACTIVIDAD N°1

1.- Formalice los siguientes razonamientos:

a) Si la vida tiene sentido entonces no es posible que todos seamos conformistas; sin embargo, la vida tiene sentido. Luego no es posible que todos seamos conformistas.

b) No hay posibilidad de conocer a menos que sepamos lo que buscamos; pero hay posibilidades de conocer. Luego sabemos lo que buscamos.

c) Si hay justicia en el mundo entonces la miseria no existiría; sin embargo, la miseria existe. Esto implica que no hay justicia en el mundo.

d) No es verdad que, si la educación es crítica entonces seamos conformistas; esto es exclusión con decir que, si no somos conformistas entonces la educación no es crítica.

e) No somos conformistas ya que la educación no es autoritaria; lo anterior es exclusión con decir que, es falso que: si la educación es autoritaria entonces somos conformistas.

f) Es falso que, la educación sea gratuita, sin embargo, muchos no pueden estudiar; esto es igual a decir que, la educación no es gratuita a menos que muchos puedan estudiar.

g) Somos conformistas porque la educación no es crítica; esto es exclusión con decir que, es falso que: si la educación es crítica entonces no somos conformistas.

h) Hay justicia en el mundo a menos que la miseria no exista; pero no hay justicia en el mundo. Por lo tanto, no existe miseria.

i) La vida no tiene sentido ya que todos somos conformistas; sin embargo, no es cierto que todos seamos conformistas. Por lo tanto, la vida tiene sentido.

j) Si pudiéramos viajar a las estrellas entonces nuestra existencia cambiaría; pero, si nuestra existencia cambiara entonces veríamos el mundo de otra manera. Por lo tanto, si pudiéramos viajar a las estrellas entonces veríamos el mundo de otra manera.

IMPORTANTE

4.9. VALORES DE VERDAD

El número de valores de verdad dependen del número de variables involucradas en el razonamiento. Este tipo de lógica es bivalente, es decir tiene dos valores de verdad: o bien es verdadero o bien es falso. Por esta razón la base siempre es el número 2 y el exponente, el número de variables: si existe una sola variable, es 2 elevado a la potencia 1; esto es igual a 2 valores de verdad. Si son dos variables tenemos 2 elevado al cuadrado = 4 valores de verdad; si son tres, será 2 elevado al cubo = 8 valores de verdad; y así sucesivamente.

Ejemplo 1:

   Hace frío y nos vamos a casa.

Tenemos cuatro valores de verdad (2^2 = 4). Simbolizamos la proposición asignando una variable distinta a cada proposición molecular (p. q).

Luego distribuimos los dos valores de verdad en las variables, empezando por la primera que aparece y le asignamos 1 si no está negada, en caso contrario se le asigna 0. Si la variable se repite, se le asigna el mismo número de valores de verdad. Luego se utiliza la regla del juntor respectivo. En el presente caso tenemos dos variables con 4 valores de verdad. A la primera que aparece le asignamos dos 1 y dos 0 y a la segunda alternando.

p	.	q
1	1	1
1	0	0
0	0	1
0	0	0

Ejemplo 2:

   Si hace frío y nos vamos a casa, entonces tomamos un café.

Tenemos 8 valores de verdad. (2^3 = 8). Simbolizamos la proposición asignando una variable distinta a cada proposición molecular. [(p. q) → r]

Luego distribuimos los dos valores de verdad en las variables, empezando por la primera que aparece y le asignamos 1 si no está negada, en caso contrario se le asigna 0. Si la variable se repite, se le asigna el mismo número de valores de verdad. Luego se utiliza la regla del juntor respectivo, empezando por solucionar los paréntesis y el resultado del paréntesis con el juntor del corchete, y así sucesivamente.

En el presente caso tenemos tres variables, con 8 valores de verdad. A la primera que aparece le asignamos cuatro 1 y cuatro 0, a la segunda dos 1 y dos 0 hasta completar 8, la tercera alternando 1 y 0.

[(p	.	q)	→	r]
1	1	1	**1**	1
1	1	1	**0**	0
1	0	0	**1**	1
1	0	0	**1**	0
0	0	1	**1**	1
0	0	1	**1**	0
0	0	0	1	1
0	0	0	**1**	0

Cuando el resultado final es todo **1**, se llama tautología.
Cuando el resultado final es todo **0**, se llama contradicción.
Cuando el resultado final es alternado entre **1** y **0** se llama contingencia.

ACTIVIDAD N°1

1.- Construya la tabla de verdad respectiva para cada uno de los razonamientos formulados en la actividad 1. Asimismo, determine el carácter de: tautología, contradicción o contingencia de dichos razonamientos.

a)

Resultado: ....

b)

Resultado: ....

c)

Resultado: ....

d)

Resultado: ....

e)

Resultado: ....

f)

Resultado: ....

g)

Resultado: ………………………………….

h)

Resultado: ………………………………….

i)

Resultado: ………………………………….

j)

Resultado: ………………………………….

IMPORTANTE

4.10. LEYES LÓGICAS O TAUTOLÓGICAS QUE RIGEN A LAS PROPOSICIONES

Se puede decir que hay similitudes entre las leyes del álgebra y las leyes que rigen a las proposiciones, este sistema es considerado como un sistema algebraico conocido como Algebra Booleana. (En honor a George Boole).

Para probar cualquiera de estas leyes es suficiente establecer una tabla de verdad que muestre que las equivalencias dadas son realmente verdaderas.

Las tautologías son conocidas con el nombre de leyes o principios lógicos y son los siguientes:

TAUTOLOGÍAS:

1. Ley de identidad (reflexividad):

Una proposición sólo es idéntica a sí misma.

$$p \rightarrow p \quad p \leftrightarrow p$$

2. Ley de no contradicción:

Una proposición no puede ser verdadera y falsa a la vez.

$$p \cdot \sim p$$

3. Ley del tercer excluido:

Una proposición o es verdadera o es falsa, no hay una tercera posibilidad.

$$p \vee \sim p$$

Hay muchas tautologías de igual importancia y se clasifican en dos grupos: las tautologías llamadas de Equivalencias notables y las de Implicaciones notables.

EQUIVALENCIAS NOTABLES:

1. Ley de involución (Doble negación):

Dos negaciones de igual alcance equivalen a una afirmación.

$\sim(\sim p)\equiv p$

2. Ley de idempotencia:

Una cadena de conjunciones o disyunciones de variables redundantes se eliminan.

$p\cdot p\equiv p$

$p\,v\,p\equiv p$

3. Leyes conmutativas:

Si en las proposiciones conjuntivas, disyuntivas y bicondicionales se permutan sus respectivos componentes, sus equivalencias siguen lo mismo.

$(p.q)\leftrightarrow(q.p)$	o	$p.q\equiv q.p$
$(pvq)\leftrightarrow(qvp)$	o	$pvq\equiv qvp$
$(p\leftrightarrow q)\leftrightarrow(q\leftrightarrow p)$	o	$p\leftrightarrow q\equiv q\leftrightarrow p$

4. Leyes asociativas

Las leyes de asociación permiten suprimir los paréntesis y nos indican que pueden agruparse como quiera, los esquemas que estén formados de conjunciones, disyunciones y bicondicionales.

$(p\cdot q)\cdot r\equiv p\cdot(q\cdot r)$

$(p\,v\,q)\,v\,r\equiv p\,v\,(q\,v\,r)$

$(p\leftrightarrow q)\leftrightarrow r\equiv p\leftrightarrow(q\leftrightarrow r)$

5. Leyes de distribución

Las leyes de distribución indican que una conjunción puede distribuirse en una disyunción y viceversa, de igual forma un condicional puede distribuirse en una conjunción o disyunción.

$$p \cdot (q \vee r) \equiv (p \cdot q) \vee (p \cdot r)$$
$$p \vee (q \cdot r) \equiv (p \vee q) \cdot (p \vee r)$$
$$p \rightarrow (q \cdot r) \equiv (p \rightarrow q) \cdot (p \rightarrow r)$$
$$p \rightarrow (q \vee r) \equiv (p \rightarrow q) \vee (p \rightarrow r)$$

6. Leyes de Morgan:

La negación de las propiedades conjuntivas o disyuntivas se obtienen cambiando la conjunción por la disyunción o viceversa o negando cada una de las componentes.

$$\sim (p \cdot q) \equiv \sim p \vee \sim q$$
$$\sim (p \vee q) \equiv \sim p \cdot \sim q$$

7. Ley del condicional:

$$p \rightarrow q \equiv \sim p \vee q$$
$$\sim (p \rightarrow q) \equiv p \cdot \sim q$$

8. Leyes del bicondicional:

$$(p \leftrightarrow q) \equiv (p \rightarrow q) \cdot (q \rightarrow p)$$
$$(p \leftrightarrow q) \equiv (p \cdot q) \vee (\sim p . \sim q)$$

9. Leyes de absorción:

a) $p \cdot (p \vee q) \equiv p$
b) $p \cdot (\sim p \vee q) \equiv p \cdot q$
c) $p \vee (p \cdot q) \equiv p$
d) $p \vee (\sim p \cdot q) \equiv p \vee q$

10. Leyes de transposición:

$$(p \rightarrow q) \equiv (\sim q \rightarrow \sim p)$$
$$(p \leftrightarrow q) \equiv (\sim q \leftrightarrow \sim p)$$

11. Leyes de exportación:

$$(p \cdot q) \rightarrow r \equiv p \rightarrow (q \rightarrow r)$$

IMPLICACIONES NOTABLES

1. Ley del Modus Ponendo Ponens (PP):

<u>Representación simbólica.</u>   <u>Esquema clásico.</u>

$[(p \rightarrow q) \cdot p] \rightarrow q$ $p \rightarrow q$
$\qquad\qquad p$
$\qquad\qquad \therefore q$

2. Ley del Modus Tollendo Tollens (TT):

$[(p \rightarrow q) \cdot \sim q] \rightarrow \sim p$ $p \rightarrow q$
$\qquad\qquad \underline{\sim q}$
$\qquad\qquad \therefore \sim p$

3. Ley del Tollendo Ponens (TP) o Ley del silogismo disyuntivo:

$[(p \vee q) \cdot \sim p] \rightarrow q$ $p \vee q$
$\qquad\qquad \underline{\sim p}$
$\qquad\qquad \therefore q$

$[(p \vee q) \cdot \sim q] \rightarrow p$ $p \vee q$
$\qquad\qquad \underline{\sim q}$
$\qquad\qquad \therefore p$

4. Ley de la inferencia equivalente:

$[(p \leftrightarrow q) \cdot p] \rightarrow q$ $p \leftrightarrow q$
$\qquad\qquad p$
$\qquad\qquad \therefore q$

5. Ley del silogismo hipotético (HS):

$[(p \rightarrow q) \cdot (q \rightarrow r)] \rightarrow (p \circledR$ $p \rightarrow q$
$\qquad\qquad \underline{q \rightarrow r}$
$\qquad\qquad \therefore p \rightarrow r$

6. Ley de la transitividad simétrica:

$[(p \leftrightarrow q) \cdot (q \leftrightarrow r)] \rightarrow (p \leftrightarrow r)$ $p \leftrightarrow q$

$$\frac{q \leftrightarrow r}{\therefore p \leftrightarrow r}$$

7. Ley de simplificación (S):

$(p \cdot q) \rightarrow p$
$(p \cdot q) \rightarrow q$

$$\frac{p \cdot q}{p} \qquad \frac{p \cdot q}{q}$$

8. Ley de la adición (LA):

$p \rightarrow (p \vee q)$
$q \rightarrow (p \vee q)$

$$\frac{p}{p \vee q} \qquad \frac{q}{p \vee q}$$

9. Ley del silogismo disyuntivo (DS):

$[(p \vee q) \cdot (p \rightarrow r) \cdot (q \rightarrow s) \rightarrow r \vee s$

$$
\begin{array}{cc}
p \vee q & p \vee q \\
p \rightarrow r & p \rightarrow r \\
\underline{q \rightarrow s} & \underline{q \rightarrow s} \\
\therefore r \vee s & \therefore s \vee r
\end{array}
$$

10. Ley del absurdo:

$[p \rightarrow (q \cdot \sim q) \rightarrow \sim p$
$[p \rightarrow (q \cdot \sim q) \rightarrow p$

ACTIVIDAD N°1

1.- Aplicando las leyes y reglas de inferencia estudiadas, determine las conclusiones en cada uno de los siguientes ejercicios.

Ejemplo:

Dadas las siguientes proposiciones, negar la proposición.
   Si 3 + 4 = 7 entonces 8 es primo o 4 no es par.

Traduciendo simbólicamente tenemos:
   A = 3 + 4 = 7
   B = 8 es primo
   C = 4 es número par

Representando esquemáticamente tenemos:

$A \rightarrow (B \lor {\sim}C)$

Su negación es: ${\sim}[A \rightarrow (B \lor {\sim}C)]$

${\sim}[{\sim}A \lor (B \lor {\sim}C)$

${\sim}{\sim}A \,.\, {\sim}(B \lor {\sim}C)$

$(A \,.\, {\sim}B) \,.\, C$

Lo que traduciendo dice:

3 + 4 = 7 y 8 no es número primo y 4 es un número par.

a) Serás escogido para recibir un ascenso si reúnes todos los requisitos. No reúnes todos los requisitos.

b) Si las matemáticas son interesantes, entonces es necesario estudiarlas. Las matemáticas son interesantes.

c) Aprenda matemáticas o reprobará el curso. No reprobaré el curso.

d) Pagaremos las pérdidas del choque si y sólo si su seguro alcanza la cobertura. Pagaremos las pérdidas.

e) Pagará impuestos si y sólo si ganara mucho dinero. Ganará mucho dinero si y sólo si trabaja en más de una institución.

f) "5 es menor que 8 y 25 es múltiplo de 5".

g) Si estudia lógica las matemáticas le resultarán sencillas. Si las matemáticas le resultan sencillas entonces aprobará el curso.

V. ARGUMENTACIÓN

OBJETIVO: Demostrar habilidades para construir argumentos utilizando las relaciones entre las proposiciones de lecturas y de la vida cotidiana.

OBSERVACIÓN

Las siguientes actividades correspondientes al nivel categorial, debido a su extensión y para favorecer el cumplimiento del objetivo señalado, serán desarrolladas en hojas aparte. Se recomienda que sean efectuadas a máquina o computadora. De no ser posible se lo hará con buena letra, cuidando la presentación y calidad requeridas en este nivel.

ACTIVIDAD N°1

Determinar el valor de verdad (tautología, contradicción o contingencia) utilizando tablas de verdad. Luego reemplazar las variables con contenidos de la vida cotidiana, de la vida política, morales, estéticos, de las ciencias, etc.

1. $[p . (q \lor r)] \lor \sim [(p . q) \lor (p \lor r)]$

2. $(\sim q \rightarrow r)] \lor \sim [\sim (\sim p \lor \sim q) \lor (\sim p \rightarrow r)]$

3. $\sim [\sim p \rightarrow (q \lor r)] \leftrightarrow \sim [(\sim p . \sim q) \lor r]$

4. $\sim \{p \lor (\sim q \lor r) \leftrightarrow [(\sim p . \sim q) \rightarrow r]$

5. $[p . \sim (\sim q \lor \sim r)] \leftrightarrow \sim [\sim (\sim p \lor \sim q) . r]$

6. $\sim [p . \sim (q \rightarrow \sim r)] \leftrightarrow [\sim (p \rightarrow \sim q) . r]$

7. $\{[\sim p \rightarrow (q \leftrightarrow \sim r)] . \sim (q \leftrightarrow \sim r)\} \rightarrow p$

8. $\{[(p \lor \sim q) \rightarrow r] . (p \lor \sim q)\} \rightarrow r$

9. $\{[\sim p \lor (\sim q \lor r)] . p\} \rightarrow (\sim p \lor r)$

10. $\{[(p \leftrightarrow \sim q) \lor r] . \sim (p \leftrightarrow \sim q)\} \rightarrow \sim r$

ACTIVIDAD N°2

Simbolizar las premisas de cada uno de los razonamientos siguientes y formular la conclusión respectiva.

1. Está ley será aprobada en esta sesión si y sólo si es apoyada por la mayoría. O es apoyada por la mayoría o el gobernador se opone a ella. Si el gobernador se opone a ella, entonces será propuesta en las deliberaciones del comité. Por tanto:5
2. El sol sale y se pone si y sólo si la Tierra gira. La Tierra gira y la luna se mueve alrededor de la Tierra. Por tanto:
3. $5 \times 5 = 12 \leftrightarrow 5 + 5 + 5 = 12$; $4 \times 4 \neq 13$; $5 + 5 + 5 = 12 \rightarrow 4 \times 4 = 13$ Por tanto:
4. El terreno puede ser cultivado si y sólo si se provee de un sistema de riego. si el terreno puede ser cultivado, entonces triplicará su valor actual. Por tanto:
5. Un líquido es un ácido si y sólo si colorea de azul el papel tornasol rojo. Un líquido colorea de azul el papel de tornasol rojo si y sólo si contiene iones de hidrógeno libres. Por tanto:
6. Si no ocurre que, si un objeto flota en el agua entonces es menos denso que el agua, entonces se puede caminar sobre el agua. Pero no se puede caminar sobre el agua. / Si un objeto es menos denso que el agua, entonces puede desplazar una cantidad de agua igual a su propio peso. / Si puede desplazar una cantidad de agua igual a su propio peso, entonces el objeto flotará en el agua. Por tanto:

ACTIVIDAD N°3

Elija un tema de su interés, recórtelo o reprodúzcalo. Luego identifique las proposiciones en cada párrafo, simbolícelas. A continuación, formalice y determine el valor de verdad en cada caso. Al final reflexione sobre los resultados obtenidos y emita su conclusión.

VI. DESARROLLO ACTITUDINAL

OBJETIVO: Demostrar actitudes de reflexión crítica sobre los valores morales, políticos, estéticos y otros que ordenan y dan coherencia a su vida expresados en proposiciones e inferencias.

Demostrar responsabilidad y autonomía en la utilización de los conocimientos lógicos para su autodesarrollo.

DINAMICA GRUPAL N°1

Objetivo: discutir sobre la "equidad" como uno de los valores que favorecen las interrelaciones personales constructiva.

Proceso:

a) Lectura del tema

¿QUÉ ES EQUIDAD?

Una profesora entra a su aula un día con una gran bolsa de dulces. Les explica a los niños que los dulces son un regalo para sus alumnos y que ha de repartirlos con equidad.

"Ahora bien" dice. "qué es lo justo? ¿Sería lo justo que les diera más a aquellos que merecen más? ¿Quién merece más? Seguramente que los grandes y los más robustos de entre ustedes merecen más porque lo más probable es que todo lo hacen mejor".

Pero por respuesta, la profesora recibe las quejas de los alumnos. "Lo que usted propone es lo más injusto", le dicen. "El hecho de que alguien es mejor para la Aritmética o para el fútbol o para la Historia, no es razón para que se nos trate en forma diferente. No sería justo darles a algunos miembros de la clase, digamos, cinco dulces, mientras que otros sólo reciben uno o ninguno. Cada uno de nosotros es una persona y en ese aspecto somos todos iguales. Así que trátenos como iguales y denos la misma cantidad de dulces a todos".

"Ah," contesta la profesora, "me alegro de que me hayan explicado lo que sienten. De modo que, a pesar de que cada persona es diferente de los demás en muchos aspectos, equidad consiste en tratarlos a todos por igual".

"¡Eso es!" contestan los alumnos. "¡Equidad es tratar a todos por igual!"

Pero antes de repartir los dulces, el teléfono suena y la llama a la oficina. Cuando vuelve unos minutos más tarde, ve que los niños habían estado peleando por los dulces. Ahora, cada uno de los niños más grandes y robustos tiene un gran puñado de dulces, mientras que el resto tiene cantidades variadas, y los niños más pequeños sólo tienen uno.

La profesora los llama al orden y la clase queda en silencio. Obviamente, la profesora está muy disgustada por lo que ha sucedido. Pero está determinada a ser equitativa, y equidad, todos estaban de acuerdo, es tratar a todos por igual. Así que les dice a los niños, "Ustedes me enseñaron lo que es equidad. Cada uno de ustedes deberá devolverme un caramelo".

b) En grupo discutir sobre lo que es equidad.

Consideren que los niños, los jóvenes y los adultos se preocupan mucho por la equidad. Todos estamos de acuerdo en que la gente debiera ser tratada con equidad. Pero ¿qué es equidad? Estamos de acuerdo en que nos debemos guiar por las reglas de un "juego limpio". Pero ¿qué es un "juego limpio"? Esta es una buena oportunidad para discutir la noción de equidad (imparcialidad o justicia).

1. ¿Considera que se ha cumplido con el objetivo planteado? ¿Qué actitudes se han puesto de manifiesto en la resolución de este caso?

2. ¿Qué conclusiones puede compartir con respecto al ejercicio realizado?

DINAMICA GRUPAL N°2

Objetivo: demostrar actitudes de creatividad, y autonomía en la utilización de los conocimientos lógicos en la construcción de una personalidad positiva.

Proceso:

a) Redactar un mini proyecto de vida; tomando en cuenta las metas, estrategias y actividades para conformar dicho proyecto de vida. Debe tomar en cuenta su grado de compromiso para poner en práctica las decisiones lógicamente asumidas y que lo responsabilizan de su futuro a corto, mediano y largo plazo.

MI PROYECTO DE VIDA

(firma)

b) Compartir la lectura del proyecto de vida en grupo. (No se juzgará ninguno de los contenidos allí expresados, se trata de que los integrantes del grupo se enriquezcan con el intercambio de esta experiencia).

Evaluación:

1. ¿Qué actitudes ha puesto de manifiesto en el proceso de elaboración del Proyecto personal de vida y su participación a los compañeros de estudio?

2. ¿Qué conclusiones puede compartir con respecto al ejercicio realizado?

5. DESTREZAS DEL PENSAMIENTO

5.1. DESTREZA DEL PENSAMIENTO: ATENCIÓN

Para que el organismo pueda llevar a cabo una actividad mental determinada es esencial que reciba una estimulación de la que pueda extraer información y, además, que preste atención; es decir, que esté receptivo a la captación de dicha estimulación. La atención debe ser concebida, no como un mecanismo o estructura mental aislada, sino como una condición fundamental de los procesos cognitivos.

Antes de Newton, millones de personas vieron caer la manzana del árbol, pero él fue el primero en preguntarse el por qué. B. BARUCH.

Ejercicios

1. Observe este grupo de palabras, que no tienen nada que ver entre sí por su significado sino por su grafía, y descubra la característica común.

   Ungüento
   Función
   Alunizaje
   Triunfo
   Tribunal
   Mapamundi
   Cáliz
   Erizo
   Maizal
   Empalizada
   Horizonte

2. Escriba los números 2 y 3, y entre ellos un conocido símbolo matemático que exprese más de 2 y menos de 3.

3. ¿Que vale más: un kilo de monedas de oro de ½ dólar o medio kilo de monedas de oro de 1 dólar? ¿O tienen el mismo valor?

4. Coloque ocho monedas de manera que formen una "L", cinco en la línea vertical y tres en la horizontal. Con sólo mover una moneda y sin echar mano de ninguna otra, haga que queden cinco en cada línea.

5. Coloque un billete sobre dos vasos dispuestos a 8.5 cm. por lo menos uno del otro. Coloque una moneda pesada en la mitad del billete sin que aquella se caiga.

6. Disponga 6 fósforos del modo que indica la figura. Con solo mover tres fósforos forme 8 triángulos equiláteros.

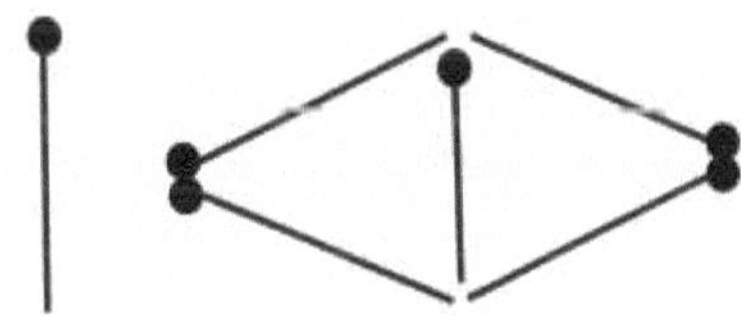

7. Coloque boca abajo y sobre el centro de un billete una botella de gaseosa vacía. Saque el billete sin tocar ni votar la botella.

8. Levante a un mismo tiempo 3 fósforos con la única ayuda de otro.

9. Disponga 12 fósforos de esta manera:

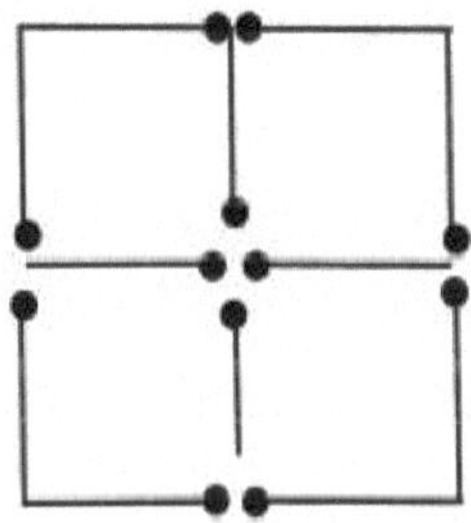

Luego, forme 7 cuadros moviendo sólo dos de ellos.

10. Compare estos 2 dibujos y diga si el que lleva la letra A es más grande que el de la letra B o la inversa.

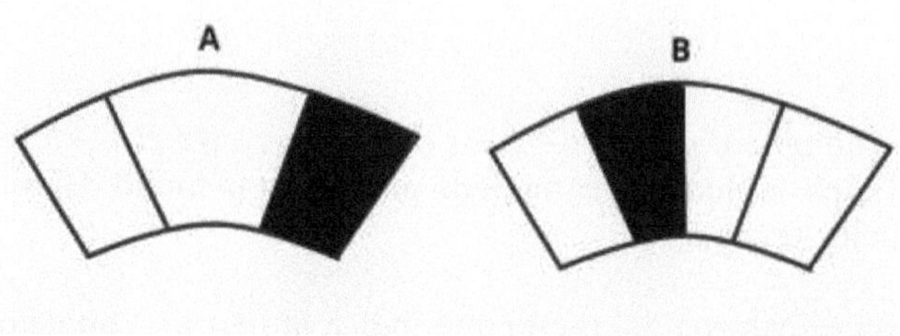

11. Diga rápidamente cuáles de estas 7 líneas rectas son paralelas.

12. A continuación tiene un texto de 35 palabras ¿Es capaz de subrayar a la primera   lectura, y en un tiempo máximo de un minuto, todas las "e" que contiene?

Desde hace centenares de generaciones, los gatos viven en las residencias del hombre. Pero este no logró aún hacerles cambiar, y apenas si acierta a llegar a ser amigo de ellos al cabo de largos meses.

13. Un tren eléctrico va de New York a Los Ángeles. ¿De qué lado va el humo?

14. Un cazador que sigue a una fiera en dirección oeste dobla sucesivamente a la izquierda, a la derecha, a la izquierda, y de nuevo a la izquierda. ¿En qué dirección marcha ahora?

15. En un cubo de agua que pesa 10 kilos se echa un pez de 4 kilos que queda flotando en el agua en lugar de hundirse. ¿Cuál será el peso total del cubo?

16. Un reloj marca la 3 menos 10 minutos. ¿Qué hora marcaría si cada una de sus agujas pasaría a ocupar el sitio donde está la otra?

17. De un palo de 24 cm. hay que hacer dos palos, uno de los cuales tiene que ser 3 veces más largo que el otro. ¿Cuánto medirá el palo más corto?

18. ¿Qué se hiela antes el agua caliente o el agua fría?

19. ¿Cuál es la fruta que lleva sus semillas en la parte exterior?

20. Está en un cuarto en el cual hay cinco amigos suyos y tiene cinco manzanas en una canastilla. ¿Cómo puede repartir las manzanas entre ellos de modo que a cada uno le toque una y que quede una en la canastilla?

21. ¿Cuánta tierra hay en un hoyo de 30 cm. por 30 cm. y 30 cm.?

22. ¿Es posible en ocasiones ver el arco iris formando un círculo completo?

23. ¿Puede decir en cinco segundos tres números cuyo producto sea igual a su suma?

24. ¿Cuál es el ave que corre como un caballo y ruge como un león, pero no puede volar?

25. ¿Autoriza la ley a un hombre casarse con la hermana de su viuda?

26. ¿Es la cebra negra con rayas blancas, o blanca con rayas negras?

27. ¿Existe algún pájaro que puede volar hacia atrás?

28. Hay 37 moscas sobre una mesa; de una palmada mata 14. ¿Cuántas quedan?

29. ¿Cómo sabe cuál a es la orilla derecha y cual la izquierda en un río?

30. ¿Empezó el siglo XX el primero de enero de 1900 o el primero de enero de 1901?

31. ¿Es verdad que el Arca de Noé se la llamó en la Biblia el Arca de la Alianza?

32. Un campesino tiene 3.5 montones de heno en su establo y 4.9 montones de heno en otro. Si pone todo el heno junto, ¿cuántos montones tiene?

33. ¿Cómo pueden los pájaros posarse sobre los hilos del telégrafo sin quedar electrocutados?

34. Si estamos de pie en un piso de materia dura ¿Cómo nos arreglaremos para soltar un huevo y hacer que recorra en su caída un metro sin romperse? No es necesario colocar ningún objeto para amortiguar el golpe.

35. El 28 de febrero un señor se acuesta a la noche, en el momento en que las manecillas del reloj marcan las siete. Luego de poner el despertador para las ocho de la mañana siguiente. Suponiendo que hubiese dormido como un tronco. ¿Cuántas fueron sus horas de sueño?

36. ¿Cuál de estas expresiones es la correcta: 8 por 8 son 56 u 8 por 8 es 56?

37. Los señores Martínez tienen 7 hijas y cada una de ellas tienen un hermano. ¿Cuántos son en la familia Martínez?

38. Con una venda cubren los ojos de un individuo y luego éste cuelga el sombrero. Empuñando un revolver recorre cien pasos, se vuelve y de un disparo agujerea el sombrero. ¿Cómo pudo realizar tal hazaña con los ojos vendados?

39. ¿Cómo se la arreglaría para lanzar una pelota con toda su fuerza y lograr que se detenga y vuelva hacia usted sin chocar con una pared ni rebotar contra cualquier otro obstáculo, y mucho menos sin tenerla sujeta con un cordel?

40. Imagínese que usted es el piloto de un avión que vuela de Quito a Guayaquil, esto es aproximadamente una distancia de más de 500

Km. Si el avión va una velocidad de 800 Km. por hora. ¿Cómo se llama el piloto?

41. ¿Cuál es el número de patos que pueden nadar en esta formación?: dos patos frente a otro pato, dos patos detrás de un pato y otro pato entre dos patos.

42 ¿Cómo conseguiría meter completamente su mano izquierda en el bolsillo derecho del pantalón y su mano derecha en el bolsillo izquierdo, ambas al mismo tiempo? Desde luego, debe llevar los pantalones puestos.

43. Una señora, bastante ingenua, entrega a un joyero una cruz de brillantes haciéndole notar que conoce el número de brillantes que contiene, puesto que, contándolos a partir de uno cualquiera de los extremos superiores hasta la parte inferior de la cruz, cuenta siempre nueve; pero el joyero poco escrupuloso, se apropia de dos de los brillantes y le devuelve la cruz modificada de modo que, efectuada la verificación en la forma acostumbrada, la ingenua señora no se da cuenta del engaño. ¿Cuál es el truco usado por el joyero?

44. Si coloca sobre la hoja lisa de un papel dos monedas iguales ¿Cuántas veces girará una de ellas alrededor de su eje, mientras da una vuelta completa alrededor de la otra moneda que permanece fija?

45. ¿Cuántas caras tiene un lápiz de seis aristas?

46. A un herrero le trajeron cinco pedazos de cadena, de tres eslabones cada uno y le pidieron que los uniera formando una cadena continua.

¿Es posible realizar este trabajo abriendo y cerrando menos de cuatro anillos?

47. Un avión cubre la distancia entre las ciudades de Quito y Bogotá en una hora y 20 minutos. Sin embargo, al volar de regreso recorrió esa distancia en 80 minutos. ¿Cómo se explica esto?

48. Supongamos un bosque dividido en sectores separados entre sí por veredas. Para ir de A hacia B en 8 movimientos, ¿cuántos caminos diferentes, pero de igual longitud existen entre los puntos mencionados?

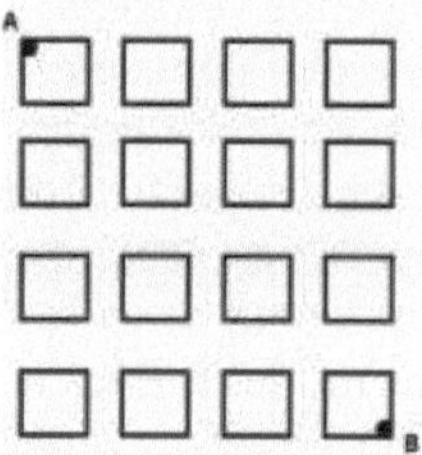

49. Dividir la esfera del reloj en seis partes, con la condición de que en cada parte la suma sea la misma.

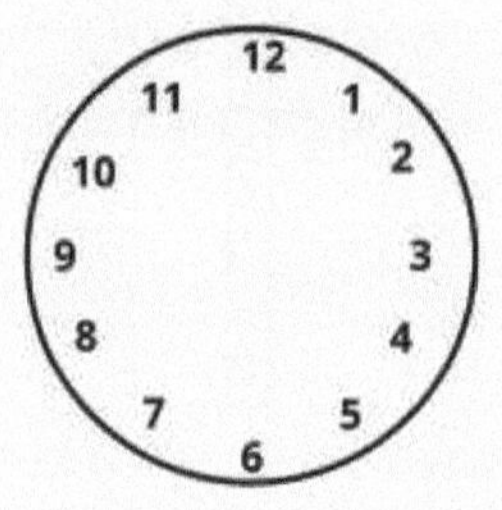

50. Se necesita cortar en cuadrados separados un tablero de ajedrez compuesto de 64 cuadrados. Se permite cortar solo por líneas rectas. Después de cada corte se puede sobreponer en la parte cortada, de manera que el siguiente corte puede contener varias partes. ¿Cuántos cortes rectilíneos necesita para cortar todo el tablero en cuadros separados?

51. Intercale los signos aritméticos entre los números 4, 5 y 6 para que el resultado sea exactamente 27.

52. ¿Qué cubre más superficie del rectángulo, la zona blanca o la sombreada?

53. Ponga nueve monedas (o botones) sobre nueve de los diez puntos de la estrella, siga esta regla: comience con un punto libre, continúe la línea recta hasta el punto vecino igual. Después reinicie la operación, pasando y cerrando en puntos libres. No olvide que deberá colocar así nueve monedas en solo diez puntos.

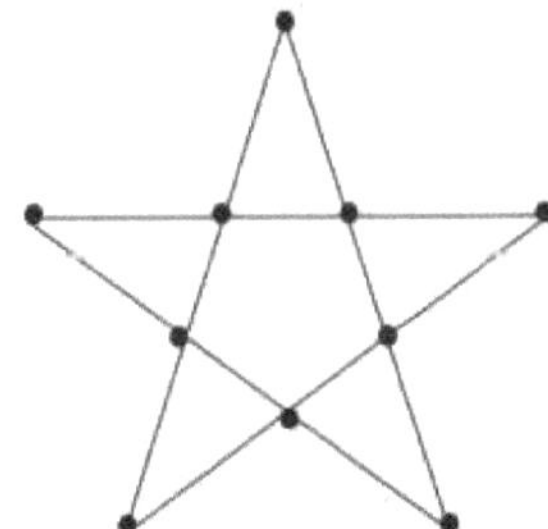

54. Una persona sube a una balanza con los brazos levantados y los baja abruptamente. ¿El peso indicado aumentará, disminuirá o se quedará en el mismo nivel?

55. Siga las líneas del dibujo y una los pares de letras iguales A con A, B con B, etc. Pero atención; ninguna conexión podrá cruzarse con otra.

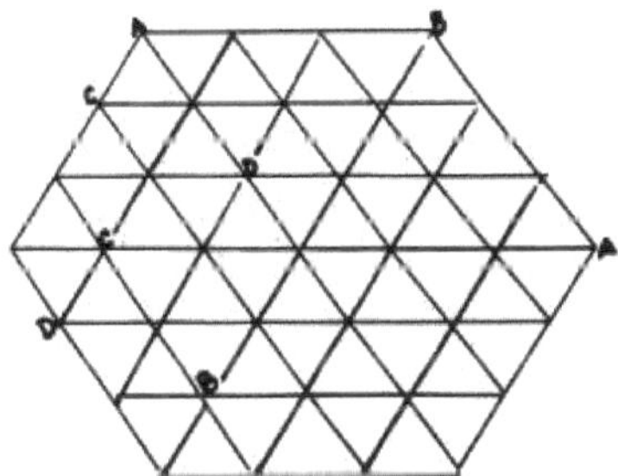

56. ¿Cuántos diamantes hay en esta figura?

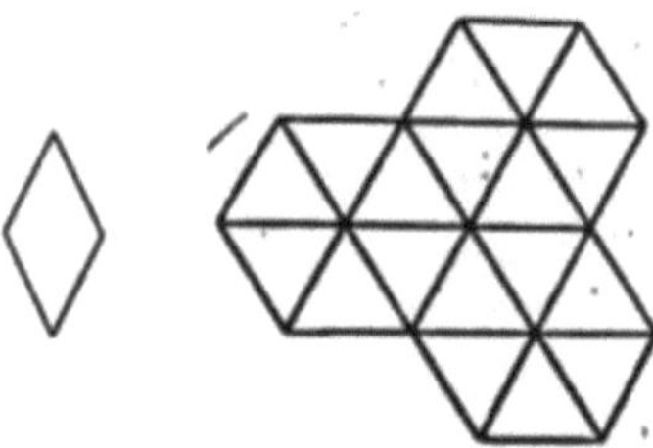

57. Un lógico tiene que pasar un rato en una pequeña localidad y para no perder el tiempo optó por hacerse cortar el pelo. Había en la villa solamente dos barberos, cada uno con su propia peluquería. El lógico echó un vistazo a una de ellas y la vio extraordinariamente descuidada, además a su dueño le hacía falta un afeitado sus ropas daban lástima y llevaba el pelo trasquilado. La otra barbería era un modelo de aseo y pulcritud. Su barbero estaba recién rasurado, su vestimenta era impecable, y su peinado perfecto. El lógico decidió irse a cortar el pelo en la primera. ¿Por qué?

58. Nueve mil novecientos centavos se escribe 9.909 centavos. ¿Cómo debería expresarse numéricamente doce mil doscientos doce?

59. En un restaurante un cliente se encontró una mosca en el café. Llamó al camarero he hizo que le trajese una taza nueva. Apenas tomar un sorbo de ella el cliente gritó irritado: "¡Está taza de café es la misma que me trajo antes!" ¿Cómo pudo saberlo?

60. ¿De qué lado está la oreja de una taza?

61. Un granjero tiene 20 cerdos, 40 vacas, 60 caballos. Pero si llamamos caballos a las vacas, ¿cuántos caballos tendrá?

62. Hay mujeres que contestan a todo con la verdad, otras que siempre mienten y otras que alternan la verdad con la mentira. ¿Cómo se podría averiguar con sólo dos preguntas cuya respuesta sea sí o no, si una mujer es sincera siempre, mentirosa sin remedio o si dice una mentira y una verdad mezcladas?

63. En un lago hay un pato. Sobre su cola un gato. Se sumerge el pato. ¿Se moja el gato?

64. Un hombre se halla encerrado en una habitación que solo tiene dos puertas. Se le permite hacer una sola pregunta al que está detrás de cada puerta, pero tiene dos inconvenientes: el primero, una de las puertas lo llevará a la muerte y no sabe cuál es; el segundo, detrás de cada puerta hay una persona, una dice siempre la verdad y otra siempre miente, pero no sabe detrás de qué puerta está el mentiroso. ¿Cuál es la pregunta con la que descubriría al mentiroso, y descubriría además la puerta de la vida?

65. Una bella muchacha de piel negra, vestida con un lindo traje que combina con sus ojos y cabello - también negros- pasea silenciosa y seria por una calle sin alumbrado público. No hay luna ni ninguna fuente de luz artificial. Es más, un gran apagón privó de luz a toda esa región. Un auto a alta velocidad dobla la esquina próxima y avanza sobre la muchacha. Sus faros y luces están apagados, sin embargo, el chofer al verla frena violentamente y evita atropellarla. ¿Cómo pudo ver a la muchacha?

66. En una casa los dos extremos del tejado tienen diferente inclinación, el extremo derecho tiene una inclinación de 60 grados y el izquierdo 70 grados. Supongamos que un gallo pone un huevo justo en la mitad del tejado de la casa. ¿Hacia qué lado del tejado caería el huevo?

67. Un caracol tarda hora y media en recorrer un círculo de izquierda a derecha, pero cuando hace este ese mismo recorrido en sentido contrario solo tarda 90 minutos. ¿A qué se debe esta diferencia?

68. Tres sospechosos son interrogados por el asalto a un banco, de sus declaraciones se establecen tres cosas:
- Nadie a parte de los tres sospechosos está implicado.
- El sospechoso A no trabaja nunca sin contar con un cómplice.
- El sospechoso B es inocente. Pregunta: El sospechoso C, ¿es inocente o culpable?

69. Supongamos que un martes, en Londres ha comenzado el día, a la hora siguiente será martes por la mañana al oeste de Inglaterra; si el mundo entero fuera tierra, podríamos recorrerlo siguiendo la pista del martes por la mañana a lo largo de todo el mundo, hasta que a las veinticuatro horas regresáramos a Londres. Pero sabemos que veinticuatro horas, después del martes por la mañana, será en Londres, jueves por la mañana. ¿Dónde entonces, en su recorrido por toda la tierra, el día cambia su nombre?

70. ¿Me autoriza usted a plantear un rompecabezas sobre el calendario? Pues bien, al duodécimo mes le llamamos diciembre. ¿Sabe usted lo que en realidad significa la palabra diciembre? Esta palabra viene de la palabra griega "deca" (diez); de ahí se forman las palabras: "decalitro, diez litros; "década, diez días". Resulta pues que el mes de diciembre se denomina décimo, ¿cómo explicar esta anomalía?

71. En los siguientes ejercicios indique ¿cuál de estas las líneas (a o b) es más larga?

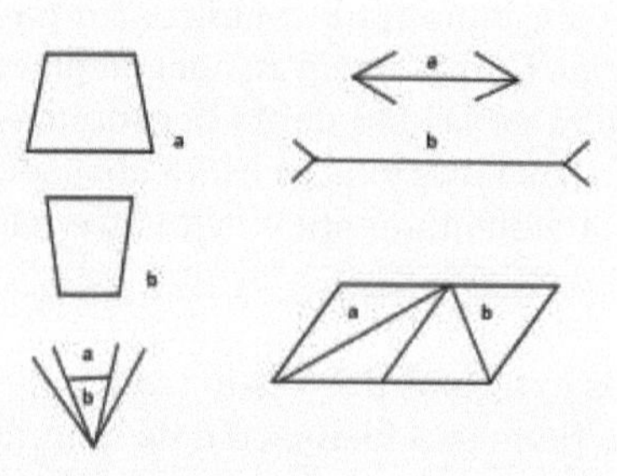

72. ¿Cuál de las líneas enumeradas es paralela con la línea A?

73. ¿Cuál de estas figuras es más larga?

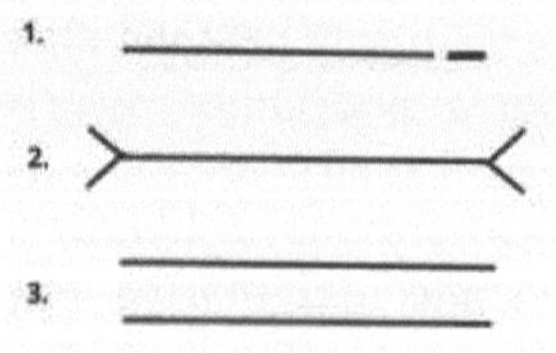

74. ¿Cuántas cajas hay en la figura? ¿Cuatro o siete?

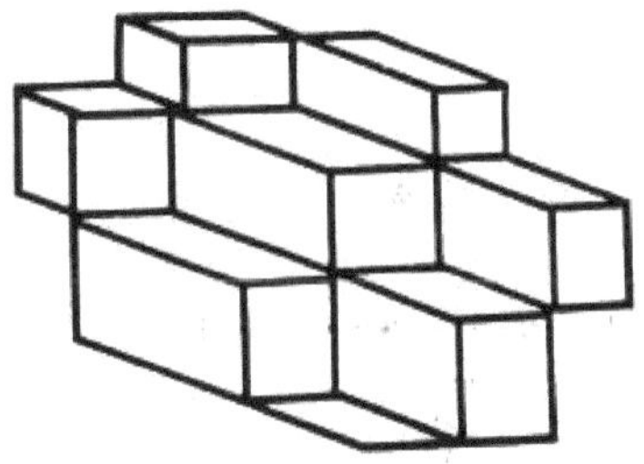

75. ¿Cuál de las circunferencias (A o B) es mayor?

A   B

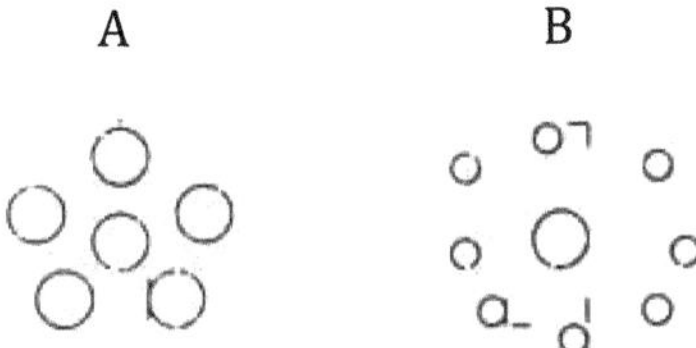

76. ¿El cuadrado menor está en la parte interior o superior del cubo?

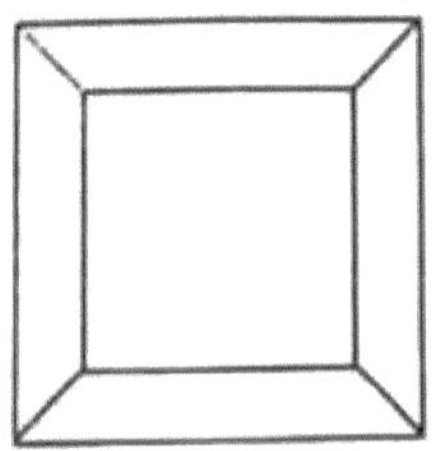

77. ¿Dónde empieza la barra central?

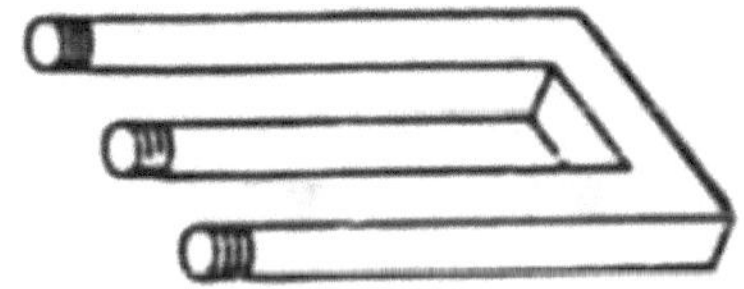

78. ¿La circunferencia es redonda o está deformada?

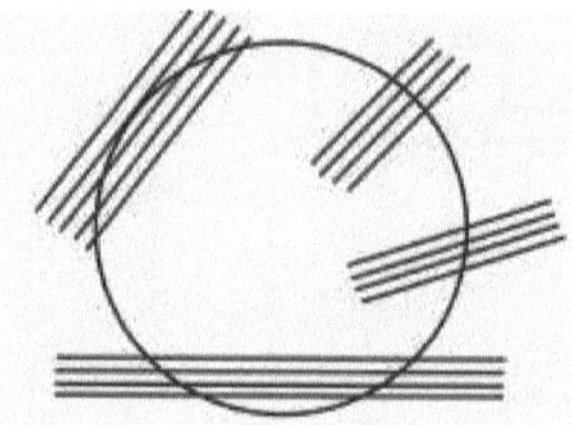

79. ¿Cuál de las áreas es mayor: la clara o la oscura?

80. ¿Qué característica tiene la siguiente operación?

$$
\begin{array}{r}
68 \\
+\ 86 \\
\hline
154 \\
+\ 451 \\
\hline
605 \\
+\ 506 \\
\hline
1.111
\end{array}
$$

SOLUCIONARIO

DESTREZA DEL PENSAMIENTO: LA ATENCIÓN

1. *En el primer grupo, la sílaba "un" se corre un espacio hacia la derecha en cada palabra. En el segundo grupo, una letra aumenta cada vez luego de la sílaba "iz".*

2. *La respuesta es el símbolo 2.3.*

3. *Un kilo de oro vale dos veces más que medio kilo de oro.*

4. *Tome la moneda del extremo de la línea vertical y colóquela sobre la que une líneas. De ese modo, cada línea tendrá cinco monedas.*

5. *Realice algunos dobleces longitudinales al billete de modo que tenga la apariencia de un acordeón. Así el billete tendrá fuerza suficiente para sostener la moneda.*

6. *Solución:*

7. *Enrolle cuidadosamente y con ambas manos uno de los extremos del billete. Cuando llegue a la botella, siga enrollando suavemente para que ésta, sin que la toque, deje de apoyarse en el billete.*

8. *Forme un trípode con los tres fósforos. Con el cuarto cerillo encienda la cabeza de los tres primeros y apague en seguida la llama, los tres fósforos se fundirán, de modo que podrá levantarlos juntos con ayuda del cuarto.*

9. Solución:

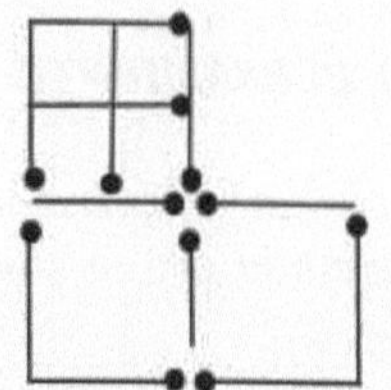

10. *Los dos dibujos A y B son exactamente idénticos. Para comprobarlo, copie el dibujo A, recórtelo y colóquelo sobre el dibujo B. Los dos coinciden.*

11. *Las siete líneas rectas son todas paralelas.*

12. *El texto contiene 30 "e"*

13. *No hay humo, pues se trata de un tren eléctrico.*

14. *Dirección: ESTE.*

15. *14 kilos (igual da que el pez flote o se hunda).*

16. *Las 10 y cuarto.*

17. *Medirá 6 centímetros.*

18. *El agua fría. El agua hervida que se ha dejado enfriar se hiela luego que el agua fría que sale del grifo, pues al hervir ha perdido muchas burbujas de aire, lo cual retarda la congelación.*

19. *La fresa, pues su exterior está cubierto de semillitas.*

20. *Dándole al último amigo la canastilla con una manzana dentro.*

21. *Nada. Es un hoyo.*

22. *Podría vérselo desde un avión. Muchos lo han visto.*

23. *Uno, Dos, Tres.*

24. *El avestruz.*

25. *Un hombre muerto no puede casarse.*

26. *La cebra es blanca con rayas negras.*

27. *El colibrí, pues entra a una flor y retrocede volando después de chupar el néctar.*

28. *Quedan las 14 que mató. Las otras volaron.*

29. *Si mira hacia dónde va la corriente; la orilla izquierda quedará a su izquierda y la orilla derecha a su derecha.*

30. *El 1 de enero de 1901.*

31. *No es verdad. El arca de la alianza fue aquella en la que Moisés colocó las tablas de la ley.*

32. *Un montón grande.*

33. *No están tocando nada más; así la electricidad no pasa por sus cuerpos para ir a otra parte, como ocurriría si tocaran el suelo y el alambre al mismo tiempo.*

34. *Dejando caer el huevo por ejemplo de una altura de metro y medio. Así caerá durante un metro sin romperse.*

35. *Una hora. El despertador (de manecillas) sonaría a las ocho de aquella misma noche.*

36. *Ninguna, 8 por 8 es 64.*

37. *Diez. Los esposos Martínez, las siete hijas y un hermano. Cada hermana tiene el mismo hermano.*

38. *Colgó el sombrero en el cañón de su revólver.*

39. *Una pelota se detendrá y volverá hacia el que la arroje si la lanza hacia arriba.*

40. *¿Cómo se llama Ud.? Su nombre es la respuesta.*

41. *Tres patos en hilera. Uno tras otro.*

42. *Poniéndose los pantalones al revés; esto es, la parte de adelante atrás y viceversa.*

43. *La respuesta se evidencia en la figura, que da una suma total de 13 brillantes en lugar de 15.*

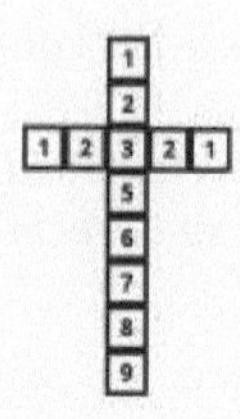

44. *Al girar un cuerpo trazando una circunferencia siempre da una revolución más que la que puede contarse directamente. De tal manera que la solución es cuatro vueltas.*

45. *Un lápiz de 6 aristas no tiene 6 caras como seguramente piensa la mayoría. Si no está afilado, tiene 8 caras: 6 laterales y 2 frontales más pequeñas.*

46. *Se pueden soltar solo tres anillos. Se sueltan los tres anillos de uno solo de los pedazos y se une con ellos los extremos de las cuatro partes restantes.*

47. *Tarda el mismo tiempo en ambas direcciones, ya que 80 minutos equivale a 1 hora 20 minutos.*

48. *El número de caminos posibles es 70.*

49. *La solución*

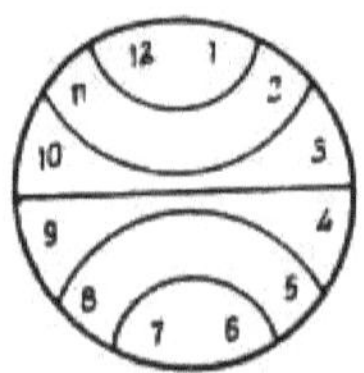

50. *Si realizamos un corte la tabla se divide en dos; con el siguiente corte si se interceptan ambas partes se tendrá cuatro partes; y así sucesivamente. De modo que no es posible con menos de 6 cortes.*

51. *La respuesta 4.5 x 6 = 27.*

52. *La superficie es la misma.*

53. *El secreto está en colocar la primera moneda sobre un punto exterior de la estrella. Después comienza a contar para ubicar la primera.*

54. *En el momento en que los brazos bajan violentamente el peso disminuirá ligeramente. Pero es un cambio fugaz, pues luego la indicación volverá al nivel inicial.*

55. *Marque en la figura original su respuesta de acuerdo con el camino escogido.*

56. *Son 24: 21 pequeños y 3 grandes.*

57. *Cada peluquero se hace cortar el pelo con el otro.*

58. *12.212 centavos.*

59. *Por el azúcar que el cliente había puesto en el café.*

60. *La tiene del lado de afuera.*

61. *Tendrá 60 caballos, pues, aunque se les llame de otra manera, seguirán siendo caballos para el resto de las personas.*

62. *Se pueden hacer dos preguntas de respuesta evidente, por ejemplo, ¿tiene usted orejas? Si responde las dos veces "sí" dice la verdad; si responde las dos veces "no", mentirá; y si dice "si" y "no", entonces alterna.*

63. *No, porque el gato está sobre su propia cola y no sobre la del pato.*

64. *La pregunta es: ¿si fueras el que se halla del otro lado de la otra puerta, qué puerta me dirías que lleva a la vida? En cualquier caso, el mentiroso o el veraz señalarán la puerta de la muerte, por lo tanto, hay que dirigirse a la puerta contraria a la señalada.*

65. Todo sucedió durante el día.

66. Hacia ningún lado por que los gallos no ponen huevos.

67. No hay diferencia. Una hora y media, y 90 minutos es lo mismo.

68. Es culpable, puesto que A no trabaja solo y B es inocente.

69. Imposible saberlo por los distintos idiomas que existen.

70. Para los antiguos romanos, creadores del antiguo calendario, el año empieza el 1 de marzo, por consiguiente, diciembre era el mes décimo.

71. Las líneas son iguales.

72. La línea paralela es la número 5.

73. Las líneas son iguales.

74. Ambas respuestas son correctas.

75. Las circunferencias A y B son iguales.

76. Es muy relativo. Pues se tiene la impresión de que el cuadrado menor parece alternativamente adelante o atrás.

77. Tape la punta del tornillo del centro y hallará la respuesta.

78. La circunferencia es perfectamente redonda.

79. Las áreas son iguales.

80. Se trata de un palíndromo numérico. Es decir, una palabra, frase o, en este caso, cifra que, tanto en sentido de derecha a izquierda, de izquierda a derecha; o progresivo y regresivo, se lee con idéntico resultado.

5.2. DESTREZA DEL PENSAMIENTO: MEMORIA[1]

La memoria se define como la capacidad del ser humano para fijar, conservar y reproducir datos codificados. Su importancia es fundamental, por cuanto, sin ella, otras funciones cruciales como el aprendizaje, la percepción y el lenguaje no podrían desarrollarse.

Un viajero sin conocimientos es como un pájaro sin alas. SA´DI, GULISTAN

Ejercicios

1. Un amigo tiene en una mano un número par de monedas u otros objetos y en la otra un número impar, adivinar en que mano se encuentra el número par de monedas.

2. Disponga sobre una mesa tres objetos diferentes, por ejemplo: un anillo, un reloj, un esfero y, además, 24 fichas, o fósforos.

Pida a tres personas tomar, cada una de ellas, uno de los objetos, sin que usted sepa cuál ha tomado. Dé a la persona A una ficha, a la B dos y a C tres, y deje sobre la mesa las restantes. Pase luego a la otra sala, desde donde pedirá a la persona que posee el anillo que tome tantas fichas como las que tenga; a la del reloj que tome el doble de las que ha recibido, y a la del esfero cuatro veces cuantas ha recibido. ¿Qué objeto tomó cada una de las personas participantes?

3. ¿Puede adivinar la edad de otra persona que tenga mayor edad que usted?

Se empieza por calcular la diferencia entre la edad de la persona y la de Ud. así:

Al número 99 réstele su edad.

____

Pida a la persona que agregue a la edad que ella tenga, el número que expresa dicha resta.

La suma que ella encuentra es un número evidentemente superior, o igual a cien. Haga eliminar de ese número la cifra de las centenas, la que hará agregar a la cifra de las unidades.

La suma obtenida, que Ud. solicitará diga la persona, es la diferencia de las dos edades. Agregará Ud., esa diferencia a su edad, y tendrá así la de persona.

4. ¿Puede adivinar la edad de otra persona que tenga menor edad que usted?

Si la persona es de menor edad que la suya, se procede como antes hasta la segunda fase de la operación, luego como la suma que se obtiene es menor que 100, Ud. hace agregar un número ficticio con el fin de encontrar una suma mayor que 100. Se continúa como en el caso anterior y la suma que le dirá la persona la restará Ud. de aquel número ficticio; siendo el resultado la diferencia de las dos edades.

5. Con las cinco filas de números, se puede adivinar el número que habrá pensado una persona, desde 1 a 31, sabiendo solamente en cuales de las filas se encuentra.

Fila

1. 1, 3, 5, 7, 9, 11, 13, 15, 17, 19, 21, 23, 25, 27, 29, 31,...
2. 2, 3, 6, 7, 10, 11, 14, 15, 18, 19, 22, 23, 26, 27, 30, 31,...
3. 4, 5, 6, 7, 12, 13, 14, 15, 20, 21, 22, 23, 28, 29, 30, 31,...
4. 8, 9, 10, 11, 12, 13, 14, 15, 24, 25, 26, 27, 28, 29, 30, 31,...
5. 16, 17, 18, 19, 20, 21, 22, 23, 24, 25, 26, 27, 28, 29, 30, 31,...

6. Resulta curiosa la disposición adoptada por los musulmanes para la multiplicación. Tal vez más fácil de comprender por los principiantes que la muestra. Por ejemplo, 5817 X 423.

Se escribe uno de los factores, 5817, de izquierda a derecha; y el otro, 423, de abajo para arriba; trazamos flechas como indica la figura.

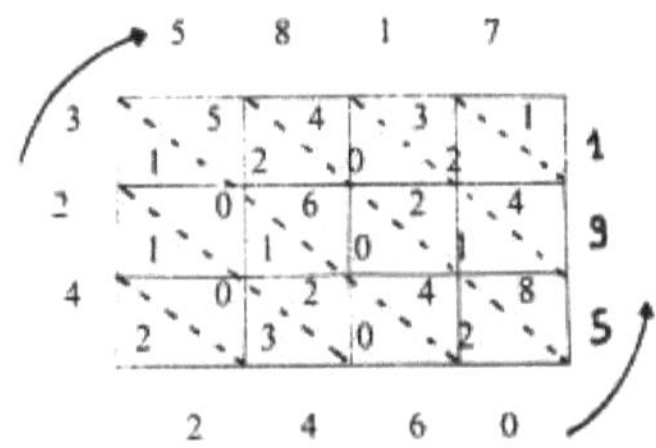

Se escribe en cada casilla el producto de las cifras de los factores que se encuentran iniciando la línea y la columna correspondiente; se dispone ese producto de modo que la cifra de las decenas se encuentre separada de la cifra de las unidades, mediante la diagonal.

Así, se efectúa: 3 x 5 = 15; se escribe 1 debajo de la diagonal de la primera casilla y 5 arriba; 3 x 8 = 24, se escribe 2 debajo y 4 encima de la diagonal de la segunda casilla y así sucesivamente.

Se efectúan luego las sumas de las cifras adyacentes a una misma diagonal, en forma análoga a nuestra multiplicación; el número 2460591 obtenido es el producto de los factores dados.

7. Algunos pueblos multiplican sin emplear la tabla pitagórica. Para ello se escriben los dos factores uno al lado del otro, y se forman con ellos dos columnas. Debajo del factor que está a la izquierda se toma la mitad en números enteros, es decir despreciando fracciones, y de esta mitad se toma también la mitad, y así sucesivamente hasta llegar a 1; debajo del factor que está a la derecha y paralelamente, se escribe su duplo, y así sucesivamente hasta emparejar con el último número de la columna de la izquierda, como puede verse en el ejemplo de alado en que se han tomado los números 22 y 6 como factores.

$$
\begin{array}{cc}
22 & 6 \\
11 & 12 \\
5 & 24 \\
2 & 48 \\
1 & 96 \\
& 132
\end{array}
$$

Hecho esto, se tacha de la columna de la derecha todos los números colocados en frente de los números pares de la columna y se suman los números no tachados; esta suma será el resultado de la multiplicación 22 x 6 = 132.

8. Agrupar la sucesión de las nueve cifras significativas mediante los signos de sumar o restar de modo que el resultado sea 100.

9. Con los nueve números naturales, sin repetir y empleando signos aritméticos, escribir dos expresiones cuyo resultado sea 100.

10. Con cinco cifras iguales escribir, de varias maneras, el número 100.

11. Escriba un número de tres cifras decrecientes en 1, por ejemplo, 765; inviértanse las cifras: 567; efectúese la resta de esos dos números: 765 - 567 = 198. Se obtendrá siempre el mismo número: 198.

12. Escriba un número de tres cifras, la primera y la última diferentes, por ejemplo, 285; inviértanse el orden de las cifras, 528, y luego efectúese la resta de esos dos números: 825 - 528 = 297

Agréguese a esta diferencia el número que resulta de invertir sus cifras: 297 + 792 = 1082. Se tendrá siempre el mismo número: 1089.

13. ¿Puede expresar el número 1000 utilizando ocho cifras iguales? Se permite utilizar los signos de las operaciones.

14. Es fácil expresar el número 24 por medio de tres ochos 8 + 8 + 8. ¿Puede hacerlo utilizando no el ocho, sino otras tres cifras iguales?

15. El número 30 se lo expresan fácilmente con tres cincos: 5 x 5 + 5. ¿Puede hacerlo con otras tres cifras iguales?

16. La multiplicación de 48 x 159 = 7632 utiliza todas las cifras significativas (1 a 9). ¿Puede encontrar otros ejemplos donde ocurra algo igual?

17. ¿Cuál es el menor número entero positivo que usted puede escribir con dos cifras?

18. ¿Cómo expresar la unidad, empleando al mismo tiempo las diez primeras cifras?

19. Utilizando cinco números 9 exprese el número 10.

20. ¿Cuál es el mayor número que puede escribir con cuatro unos?

21. ¿Cuál es su respuesta en cada caso?

a) El potasio como todos saben es un metal. ¿Está de acuerdo?

b) Caín y Abel, que sepamos, no eran gemelos. ¿Cuál de los dos era más viejo?

c) ¿Dónde está su hígado: del lado derecho o del lado izquierdo?

d) ¿El Trópico de Cáncer está en el hemisferio norte y de Capricornio en el Sur? ¿O al contrario?

e) En el antiguo sistema inglés la libra valía 20 chelines y el chelín 20 peniques. ¿O serían 12 chelines y el chelín 20 peniques?

f) ¿La superficie de la tierra es cóncava o convexa? Con seguridad no es plana.

g) En un recipiente cualquiera hay vinagre y aceite. ¿Cuál de los dos está arriba?

22. Ordene los números del 1 al 9 en las casillas, una en cada una, sin repeticiones. Pero el número formado por las cifras de la primera y la segunda casilla sea divisible por dos; de la segunda con la tercera sea divisible por tres; y así sucesivamente.

23. ¿Cuál es su respuesta en cada caso?

a) Las víboras son venenosas y las serpientes no. ¿Es así?

b) ¿La estrella de mar es una planta?

c) ¿El solsticio de primavera es al equinoccio de verano? O ¿El equinoccio de primavera es al solsticio del verano?

d) ¿La longitud se basa en los paralelos y la altitud en los meridianos?

e) ¿Las estalactitas apuntan hacia abajo y las estalagmitas hacia arriba? U ¿es al contrario?

f) ¿En el arco iris, el rojo está al lado de afuera o al lado de adentro?

g) ¿Las aurículas están arriba de los ventrículos? o, ¿en cada persona es diferente?

24. Utilizando cuatro cuatros forme los números del 0 al 10.

25. ¿Cuál es el animal que a la mañana camina en cuatro patas, a medio día en dos y al atardecer en tres?

26. Hallar dos números de tal forma que la suma de sus cuadrados sea un cuadrado.

27. Hallar un número de cuatro cifras que sea el cuadrado del número formado por sus dos últimas cifras.

28. Hallar un número de seis cifras divisible para 9 y para 11 al mismo tiempo, y que, leído al revés, sea también divisible para 9 y para 11.

29. Hallar tres cuadrados cuya suma sea un cuadrado.

30. Hallar tres cubos cuya suma sea un cubo.

DESTREZA DEL PENSAMIENTO: LA MEMORIA

1. *Pídale que multiplique el número de monedas contenidas en la mano derecha por un número par cualquiera (que elegirá el amigo); las de la mano izquierda por un número impar y pídale que sume los dos productos.*

Si la suma que dice el amigo es impar, el número par de monedas está en la mano derecha. Si la suma es par, el número par está en la mano izquierda.

2. *Volviendo a la sala cuente entonces (en la forma más disimulada posible) cuantas fichas quedan de las 18, podrá así adivinar quién tomó uno a uno de   los objetos:*

Si quedan:	La 1ra persona A tendrá	La 2da persona B tendrá	La 3a persona C tendrá
1	anillo	reloj	esfero
2	reloj	anillo	esfero
3	anillo	esfero	reloj
5	reloj	esfero	anillo
6	esfero	anillo	reloj
7	esfero	reloj	anillo

Recuerde este cuadro y usted, puede adivinar en cualquier ocasión que objeto ha tomado cada uno de los tres participantes.

3. *Así, por ejemplo, sea su edad A = 19 años y la de la persona cuya edad se propone adivinar B = 46.*

Ud. resta mentalmente 19 de 99 y obtiene 80.
Ud. hace agregar 80 a 46, lo que da 126.
Luego hace usted eliminar la cifra 1 de las centenas de 126 y la hace agregar a 26, lo que da 27, que es la diferencia de las edades: B - A = 46 - 19 = 27.

4. *Así, por ejemplo, si su edad es 29 años y la edad de la persona B = 23, la*

diferencia de su edad con 99 es 70, la cual hace agregar a 23,
obteniendo 93.

Luego hace agregar un número ficticio, por ejemplo 30, obteniendo
123, se   elimina la cifra 1 de centenas, que se agrega como unidad
simple a 23, obteniendo 24, la diferencia de edades es 30 - 40 = 6.

5. *El número pensado es la suma de los primeros números de las filas*
donde se encuentra. Así, por ejemplo, si nos dice que el número pensado
se encuentra en las filas 1era, 3ra y 4ta, será: 1+4+8 = 13. Si está en la
3ra y 5ta será: 4+16 = 20.

6. *Para el ejemplo la repuesta: 2460591.*

7. *Para el ejemplo la respuesta: 132.*

8. *123 - 45 - 67 - 89 = 100*

9. $7 + \underline{1} + \underline{6} + \underline{3} + \underline{5}$ a $75 \underline{+} 24 + 3 + 9$
    2   4   8   6 18

10. *Empleado el 1: 111 - 11; con el 3: 33 x 3+ 3/3; con el 5: 5 x5x5 - 5x5;*
con el 5: (5+5+5+5) x5.

11. *La respuesta siempre será 198.*

12. *Se tendrá siempre el mismo número 1089.*

13. *888 +88 + 8+8 +8 = 1000 y otras.*

14. *22 +2 = 24; 3^3 - 3 = 24   y otras.*

15. *6x6 - 6 = 30; 3^3 + 3 = 30; 33-3 = 30 y otros.*

16. *Por ejemplo: 12 x 483 = 5796; 42 x138 = 5796; 18 x 297= 5346; 27 x*
198 = 5346; etc.

17. *No es el 10, sino la unidad expresada como 1/1, 2/2, 3/3 ......9/9. O*
también como potencia de cero; esto es 1^0, 2^0 , 3^0 , ...9^0 , ya que cualquier
número elevado a dicha potencia es igual a 1.

18. *Puede ser:* $\dfrac{148}{296} + \dfrac{35}{70} = 1$; $123456789^0 = 1$; *etc.*

19. *Puede ser:* $9 + \dfrac{99}{99} = 10$; $\dfrac{99}{9} - \dfrac{9}{9} = 10$; *etc.*

20. *Puede ser: 11 y otros.*

21. *Solución: a) Sí, es un metal, b) Caín era más viejo, c) A la derecha, d) No, es, al contrario, e) 12 chelines, 20 peniques, f) es convexa, g) el aceite está arriba.*

22. *Existen varias soluciones. Puede ser 187254963.*

23. *a) Víboras y serpientes pueden ser o no venosas, b) la estrella de mar es un animal, c) el equinoccio de la primavera y el solsticio de verano, d) no, e) las estalactitas apuntan hacia abajo, f) está al lado de adentro, g) las aurículas están arriba de los ventrículos.*

24. *Solución: 44-44 = 0; 44/44 = 1;* $\dfrac{4 + 4}{4} = 2$; $\dfrac{4 + 4 + 4}{4} = 3$

   Y así sucesivamente.

25. *El hombre: de niño gatea, de adulto camina, a la vejez usa bastón.*

26. *Variedad de soluciones, por ejemplo: 3 + 4 = 5; 5 + 12 = 13.*

27. *Hay sólo una solución: 5776 = 76.*

28. *Si un número es divisible para 9 y para 11; el número escrito al revés es divisible también para 9 o para 11. Por ejemplo:*

   108900 = 330
   698896 = 836
   009801 = 99

29. *Hay infinidad de soluciones. Por ejemplo:*

   2 + 10 + 11 = 15
   3 + 4 + 12 = 13

30. *Hay infinidad de soluciones, Por ejemplo:*

   3 + 4 + 5 + = 6

5.3. DESTREZA DEL PENSAMIENTO: CONCIENCIA-CONCENTRACIÓN

Nuestra manera de pensar moldea el mundo en que vivimos a cada instante. Los sentimientos, decisiones, aspiraciones y nuestro estilo de vida están profundamente influenciados por nuestros pensamientos. Lo mismo ocurre con nuestras relaciones con los demás, con el mundo y con nosotros mismos. La conciencia y la concentración son fundamentales para entender y gestionar estos procesos internos que determinan nuestra realidad.

Visión sin acción es soñar despierto. Acción sin visión es una pesadilla. PROVERBIO JAPONÉS.

Ejercicios

1. Marque con una equis (X) la respuesta correcta. Se supone que la construcción es maciza, ¿cuántos bloques hay en la figura? Cuéntelos mentalmente.

a) 10
b) 12
c) 24
d) 18
e) 9

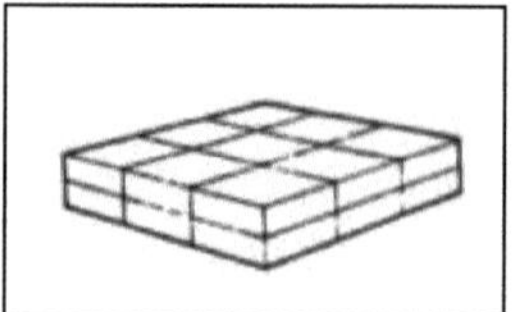

2. Marque con una equis (X) la respuesta correcta. Se supone que la construcción es maciza, ¿cuántos bloques hay en la figura? Cuéntelos mentalmente.

a) 49
b) 64
c) 53
d) 39
e) 22

3. Marque con una equis (X) la respuesta correcta. Se supone que la construcción es   maciza, ¿cuántos bloques hay en la figura? Cuéntelos mentalmente.

a) 13
b) 16
c) 24
d) 23
e) 25

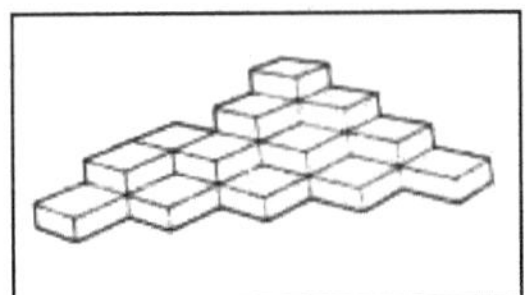

4. Marque con una equis (X) la respuesta correcta. Se supone que la construcción es   maciza, ¿cuántos bloques hay en la figura? Cuéntelos mentalmente.

a) 16
b) 32
c) 26
d) 28
e) 36

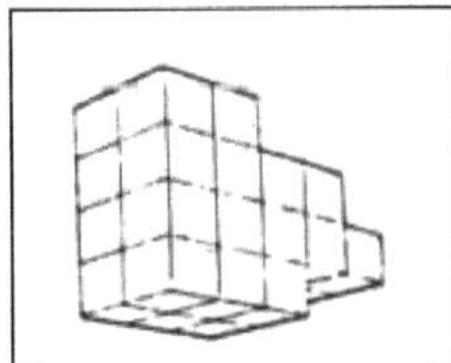

5. Marque con una equis (X) la respuesta correcta. Se supone que la construcción es maciza, ¿cuántos bloques hay en la figura? Cuéntelos mentalmente.

a) 24
b) 18
c) 20
d) 32
e) 26

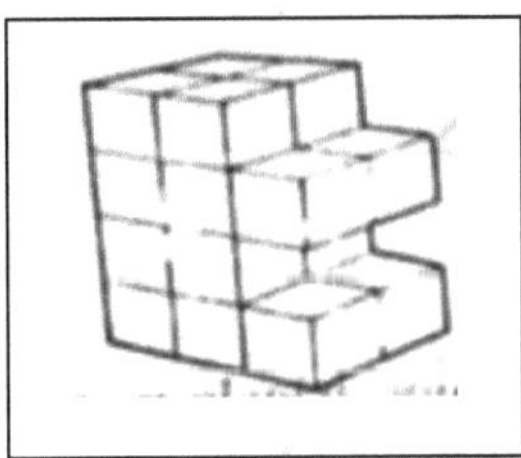

6. Marque con una equis (X) la respuesta correcta. Se supone que la construcción es maciza, ¿cuántos bloques hay en la figura? Cuéntelos mentalmente.

a) 20
b) 24
c) 18
d) 22
e) 16

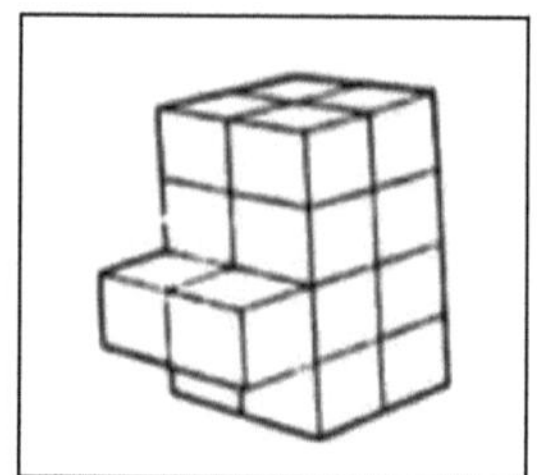

7. Marque con una equis (X) la respuesta correcta. Se supone que la construcción es maciza, ¿cuántos bloques hay en la figura? Cuéntelos mentalmente.

a) 48
b) 54
c) 64
d) 72
e) 50

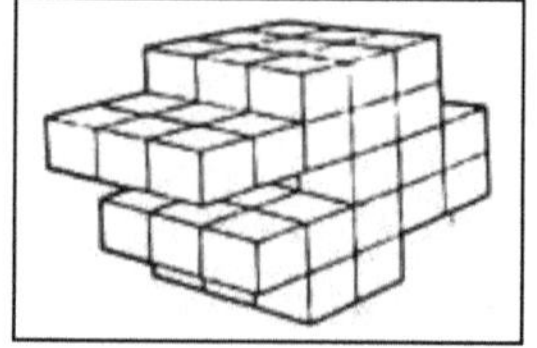

8. Iniciando en el asterisco recorra mentalmente todas las líneas sin repetir ninguna.

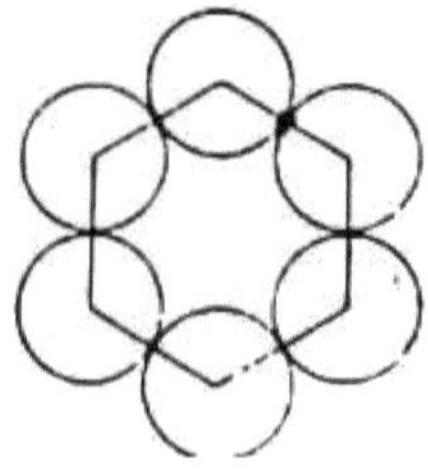

9. Iniciando en el asterisco recorra mentalmente todas las líneas sin repetir ninguna.

10. Iniciando en el asterisco recorra mentalmente todas las líneas sin repetir ninguna.

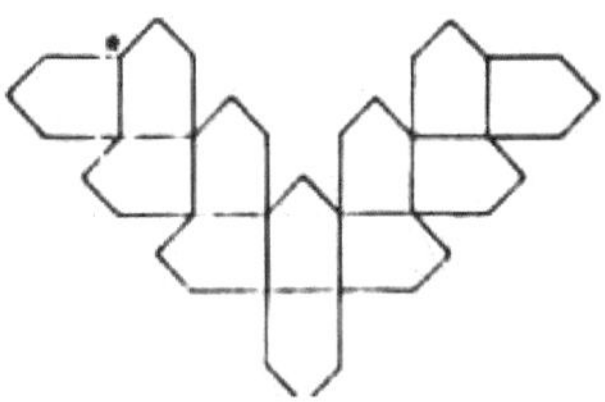

11. Iniciando en el asterisco recorra mentalmente todas las líneas sin repetir ninguna.

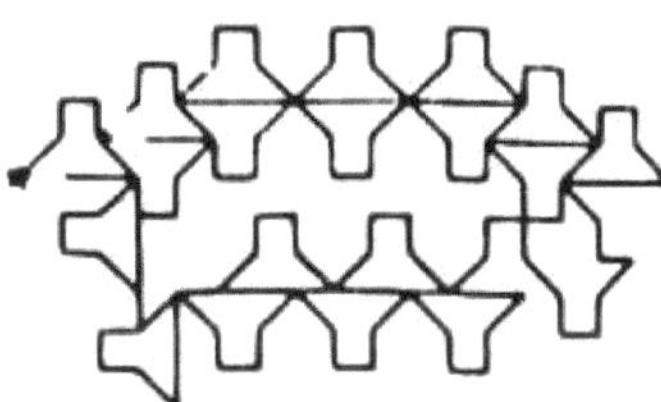

12. Cierre el circuito del dibujo, hágalo mentalmente sin levantar un lápiz imaginario, ni repetir ninguna línea.

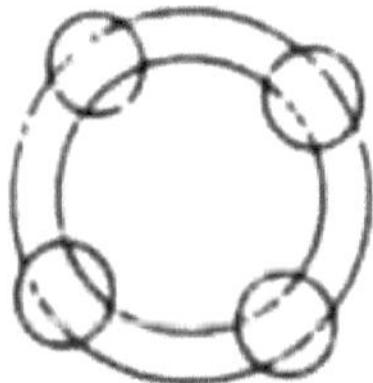

13. Cierre el circuito del dibujo, hágalo mentalmente sin levantar un lápiz imaginario, ni repetir ninguna línea.

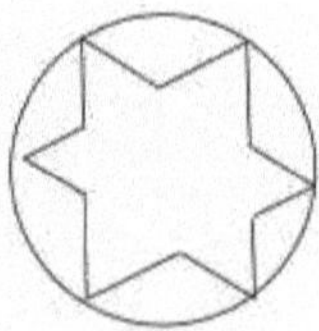

14. Cierre el circuito del dibujo, hágalo mentalmente sin levantar un lápiz imaginario, ni repetir ninguna línea.

15. Cierre el circuito del dibujo, hágalo mentalmente sin levantar un lápiz imaginario, ni repetir ninguna línea.

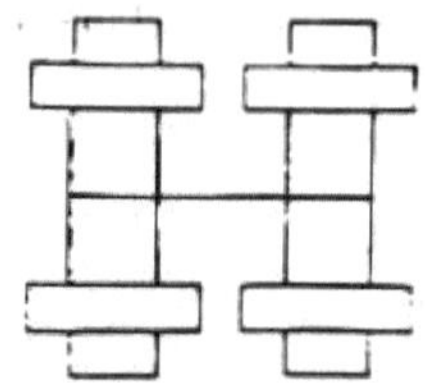

16. Cierre el circuito del dibujo, hágalo mentalmente sin levantar un lápiz imaginario, ni repetir ninguna línea.

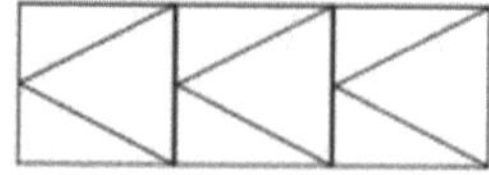

17. Cierre el circuito del dibujo, hágalo mentalmente sin levantar un lápiz imaginario, ni repetir ninguna línea.

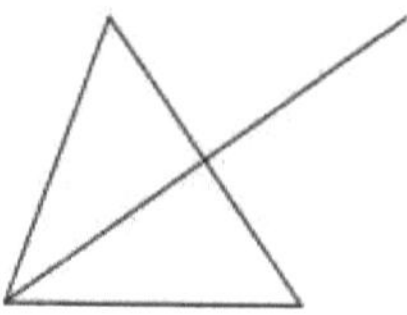

18. Cierre el circuito del dibujo, hágalo mentalmente sin levantar un lápiz imaginario, ni repetir ninguna línea.

19. Cierre el circuito del dibujo, hágalo mentalmente sin levantar un lápiz imaginario, ni repetir ninguna línea.

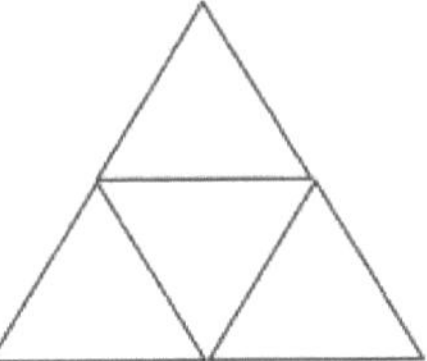

20. Recorte y elabore en una cartulina un cuadrado que contenga un círculo y en el centro un punto. De esta forma:

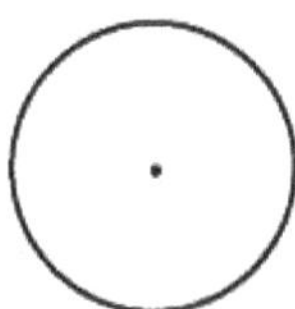

Mire durante cinco minutos al punto y al círculo simultáneamente. Solicite que otra persona, sin previo aviso, de un golpe fuerte al piso. ¿Cómo reaccionó usted?

21. Efectúe el ejercicio anterior, pero ahora cierre los ojos y mantenga la imagen en su mente. Mire la zona entre el círculo y el punto. Mantenga la calma. Practique 5 minutos por vez este ejercicio.

22. Cierre los ojos e imagínese una nueva escena desagradable en la que usted participa. Imagínese y enfréntela. Mantenga la calma y controle su respiración.

23. Visualice ahora un gran espejo enmarcado de luz blanca (...) en este gran espejo rodeado de luz blanca, se ve como desea ser idealmente (...). Puede reforzar la visualización permitiéndose una afirmación que exprese este estado (...). Imagínese en una circunstancia de su vida. En tal situación, realiza fácilmente, con habilidad y libertad, todo lo que hace, todo lo que emprende (...). Con un máximo de detalles, se ve evolucionando, actuando fácilmente, con alegría, con entera libertad. Eventualmente ve a las personas, los objetos, los colores, percibe los sonidos, los olores, siente el ambiente de esa escena tal como la concibe idealmente, del mejor modo para usted. (...) Se siente y se ve perfectamente bien física y moralmente (...) Experimente intensamente el sentimiento de fuerza, alegría, paz y armonía que emana de usted en esta visualización. (...) Aprecie su bienestar y la armonía que reina entre usted y todo lo que le rodea.

Ahora, mirándose en el espejo rodeado de luz blanca, repita estas frases: "Cada vez, que hago este ejercicio, me relajo más rápida y más profundamente que a vez anterior. (...) Me gusta hacer este ejercicio. Es agradable y beneficioso (...) Este entrenamiento me permite equilibrar mi vida. (...) Este ejercicio me permite lograr con facilidad, libertad y alegría todo lo que es bueno para mí"

24. Visualice (o imagine, lo que viene a ser lo mismo) un bello cielo azul. En este cielo azul, vea escrito una frase en letras luminosas (por ejemplo: Tengo confianza en mi) (...). Lea la frase gravada en letras luminosas en el cielo azul (...) Al pronunciarla mentalmente, lo inspira, penetra en usted absolutamente luminoso. Haga una pausa respiratoria, con los pulmones llenos, durante la cual pronunciará mentalmente la frase. (...) Al pronunciarla interiormente por última vez, expírelo transmitiendo por su cuerpo, pasando por todas sus células físicas y mentales (...). Sin utilizar palabras, frases, en el silencio interior, deje surgir en usted el sentido de la frase directamente.

25. Ubíquese en una habitación silenciosa e imagine sentirse extremadamente confiado y totalmente cómodo consigo mismo y con lo que le rodea. Esto debería representar una experiencia máxima o un punto "ato" de su mente probablemente experimentado sólo unas pocas veces en su vida. Puede hacer esto recordando una ocasión del pasado en la que se sintió de esta manera o simplemente imaginando como se sentiría si estuviera en un estado tan maravilloso.

Ahora considere cómo permanecería, respiraría y que aspecto tendría en ese elevado estado de bienestar. Mientras toma conciencia de su postura - espalda recta, hombros en su lugar y cabeza alta - forme un puño con una mano golpéelo contra la palma de la otra varias veces con gran vigor e intensidad, exclamando en cada ocasión con fuerza y su voz confiada: "Si puedo". Mientras toma conciencia de se respiración en ese estado de confianza absoluta - lenta profunda y abdominal - pepita el mismo gesto y la misma afirmación. Repita esta secuencia mientras toma conciencia de su expresión facial: ojos, mandíbula y dientes, todos en una posición confiada y cómoda. Por unos momentos, tome en consideración toda su fisiología mientras permanece de pie y experimenta este intensificado estado de conciencia.

SOLUCIONARIO

DESTREZA DEL PENSAMIENTO: CONCIENCIA – CONCENTRACIÓN

1. *18 cubos*
2. *49 cubos*
3. *25 cubos*
4. *28 cubos*
5. *20 cubos*
6. *18 cubos*
7. *54 cubos*

8. 9. 10. 11. *Se consideran como acertados estos ejercicios si ha cumplido con la misión de cada caso.*

12. 13. 14. 15. 16. 17. 18. 19. *Si usted lo logró mentalmente, ¡felicitaciones! Está comprobando su capacidad de concentración.*

20. *Este ejercicio le ayuda a tomar conciencia de sí mismo desarrollando esta habilidad. Si usted permanece impasible al escuchar el golpe hizo bien este ejercicio. Caso contrario practíquelo durante 5 minutos durante algunos días.*

21. *Si logra mantener la imagen en calma habrá alcanzado lo que se propuso, desarrollando así la autoconciencia, parte importante del Desarrollo del Pensamiento.*

22. *Si logra controlar esta escena desagradable, a la vez que no altera su respiración está desarrollando su habilidad mental.*

23. *Si Ud. hace bien este ejercicio logrará un efecto de relajación mental inmejorable para desarrollar su habilidad intelectual.*

24. *Le ayudará este ejercicio a mejorar la calidad de sus pensamientos y a fijarlos positivamente.*

25. *Repitiendo este ejercicio algunas veces por día, Ud. afirmará un estado mental que le favorecerá en sus diversas actividades de la vida cotidiana, gracias a la calidad del pensamiento que Ud. eligió.*

5.4. DESTREZA DEL PENSAMIENTO: IMAGINACIÓN-CREATIVIDAD

El pensamiento creativo es la facultad mental que produce ideas nuevas y originales, trascendiendo las normas establecidas para explorar nuevos horizontes conceptuales. Este proceso combina imaginación, originalidad y síntesis para generar soluciones innovadoras y perspectivas frescas ante desafíos complejos. La creatividad conecta ideas dispares y las transforma en algo significativo y útil. Actuando como catalizadores poderosos, la imaginación y la creatividad expanden los límites del conocimiento y la percepción, impulsando el progreso personal y colectivo.

Nada en este mundo es tan poderoso como una idea cuyo momento ha llegado. VICTOR HUGO.

Ejercicios

1. ¿En cuántas porciones se divide este melón, el cual está partido con cuatro cortes rectos que lo atraviesan de lado a lado?

2. Una de las habilidades fundamentales de la creatividad consiste en construir mundos a partir de los elementos insignificantes. Basándose en esta capacidad, los psicólogos norteamericanos Jay Paul Guilford y E.P. Torrance elaboran la siguiente prueba diseñada para medir la productividad creativa del individuo. Si usted quiere conocer la suya, coja una hoja de papel y dibuje pares de líneas paralelas. Después de cinco minutos, realice todos los dibujos coherentes que se le ocurran, solo con una condición: que incluyan dichas líneas. Si lo encuentra difícil, observe algunos ejemplos: las chimeneas de una fábrica, las patas de un esbelto flamenco, un hombre a punto de entrar en un ascensor... Todas poseen como elementos principales un par de líneas paralelas. Pruebe usted ahora a ver qué se le ocurre.

3. Imagine esta situación: usted pasea tranquilamente por el campo un día soleado y, de repente, se encuentra con una pequeña zona de hierva húmeda donde hay un sombrero viejo, una zanahoria y dos trozos de carbón: ¿Qué ha pasado? No piense en lo más habitual.

4. Póngase en esta emocionante situación: usted es un espía y es secuestrado por unos terroristas extranjeros. Todos lo tratan mal, pero un día lo visita un carcelero más compasivo que el resto. Tras escuchar sus estremecedores lamentos, se apiada de usted y le dice por señas que le llevará un mensaje a un contacto exterior que lo estará esperando en un lugar convenido. Ud. acepta la invitación, pero mira a su alrededor y descubre que, a parte de un camastro, sólo dispone de una caja de cerillas, una vela y un espejito. ¿Cómo se las ingeniaría para escribir un mensaje de socorro a su contacto utilizando únicamente estos precarios elementos? Este es un típico ejercicio para evitar lo que se llama "fijación funcional", es decir, atribuir a los objetos que nos rodean únicamente la función que tienen.

5. Se tiene un piñón de ocho dientes engranado con una rueda dentada de veinticuatro dientes y que, al girar la rueda grande, la pequeña da vuelta por la periferia. ¿Cuántas veces girará alrededor de su propio eje el piñón pequeño mientras da una vuelta completa alrededor la rueda grande?

6. Coloque en las casillas los dígitos necesarios del 1 al 9, de tal forma que los quebrados resultantes, contengan también en un orden sucesivo, los dígitos del 1 al 9.

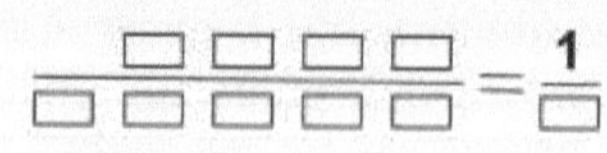

7. Sin levantar el lápiz del papel, dibuje 4 rectas que pasen por las nueve circunferencias.

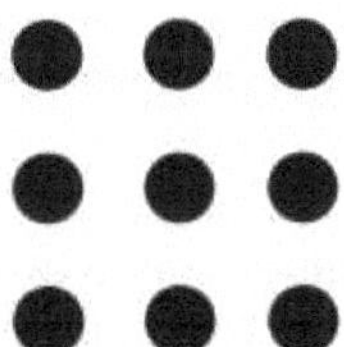

8. Cada una de estas figuras corresponde al desarrollo de un mismo dado. Sitúe los números que faltan.

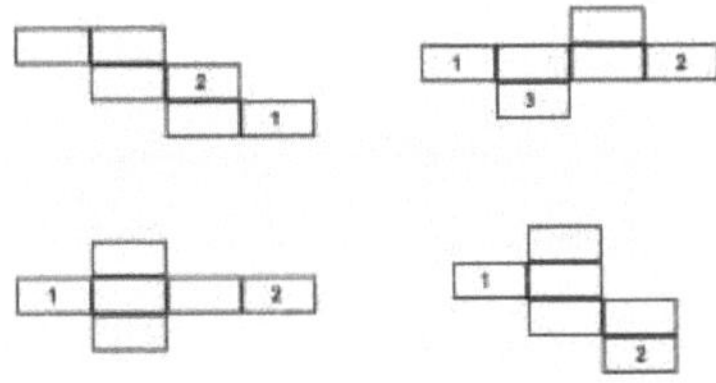

9. Un hombre era propietario de un terreno de forma cuadrada. Vendió la cuarta parte y lo que le quedó tenía la forma de L. En el testamento deja su propiedad a sus cuatro hijos siempre y cuando lo subdividieran en cuatro lotes del mismo tamaño y la misma forma. Sólo hay una manera de lograrlo. ¿Cuál es?

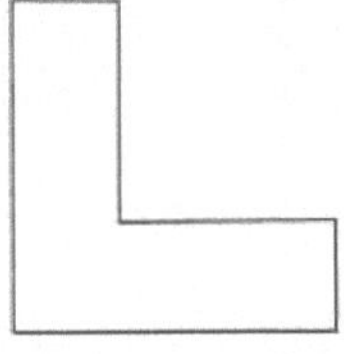

10. He aquí una palabra de siete letras, en la cual han desaparecido las vocales. ¿Puede reconstruirla?

Q— — — T— D

11. Quiere ensartar las perlas de un collar que acaba de romper y tiene el hilo necesario, agua y azúcar, pero carece de aguja. ¿Cómo lo haría?

12. Imagine que está manejando un camión de tres metros de altura y el itinerario le obliga a pasar debajo de un puente que tiene un ojo de 2,95 metros de altura solamente. ¿Qué haría en ese caso?

13. No es posible nombrarlo sin romperlo. ¿Qué es?
Por lo común, hay que romperlo para utilizarlo. ¿Qué es?
Cuando se quiebra, todos se sienten más a gusto. ¿Qué es?

14. Coloque en las casillas de la figura los nueve primeros números de forma que tres de estos números en sentido horizontal, vertical o diagonal, se obtengan un total de 15, la cifra 5 debe siempre permanecer en la casilla central.

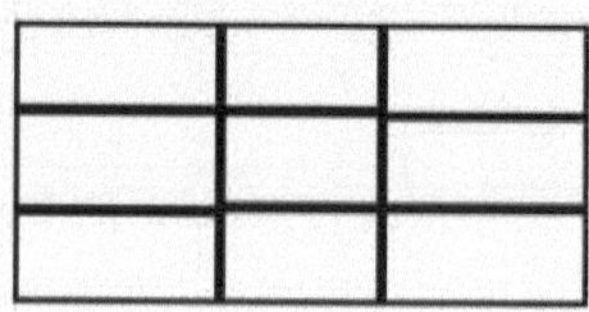

15. ¿Cuántos cuadrados hay en este cuadrado?

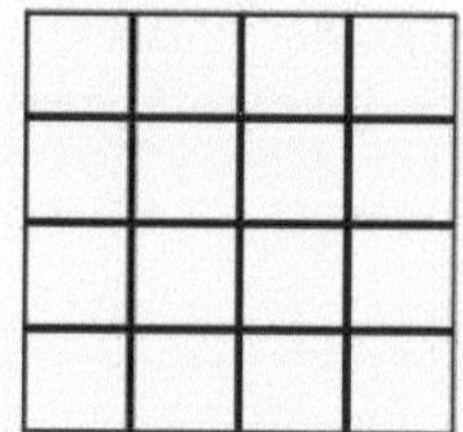

16. ¿Qué es? Por la calle abajo va caminando quien no es gente, pero ya se ha dicho el nombre de lo que es.

17. Hay muchas cosas que nos parecen raras debido al punto de vista al que nos colocamos. Eso fue lo que inspiró al artista para dibujar las siguientes figuras. ¿Puede decirnos que representa cada una de ellas?

18. Utilizando dos alfileres, una hebra de hilo y un lápiz dibuje un óvalo perfecto.

19. Un joven al llegar a la casa de su amigo deja la bicicleta en la que viajaba contra el cerco y se dirige a la entrada. De pronto un perro se lanza sobre el a morderlo, afortunadamente está encadenado a un árbol próximo y el muchacho logra ponerse fuera de su alcance. Al no encontrar a nadie en la casa, vuelve en busca de su bicicleta. El problema es que el perro, debido a que la cadena es suficientemente larga, puede alcanzar la bicicleta antes que el joven. ¿Cómo logró tomar la bicicleta sin que lo mordiera el perro?

20. Una niña cabalga un caballo brioso, de pronto se le sueltan las riendas de la mano y el animal se lanza al galope sin detenerse. En ese momento aparece un automóvil por la bocacalle a la cual se acercaba. Detuvo inmediatamente el caballo. ¿Cómo lo consiguió?

21. ¿Qué habría hecho usted si se le hubiese entrado en la oreja un insecto, no pudiera alcanzarlo y comenzara a zumbar, como si fueran los motores de un potente avión?

22. Imagine que una persona millonaria ofrece regalarle una gran cantidad de dinero si logra situarse de manera que se encuentre de tras de ella, y ella, al mismo tiempo, detrás de usted. ¿Cómo solucionaría la situación y ganaría ese dinero?

23. Recorra las siguientes figuras mediante un solo trazo (sin levantar el lápiz ni retroceder), volviendo al punto de partida cerrando el circuito.

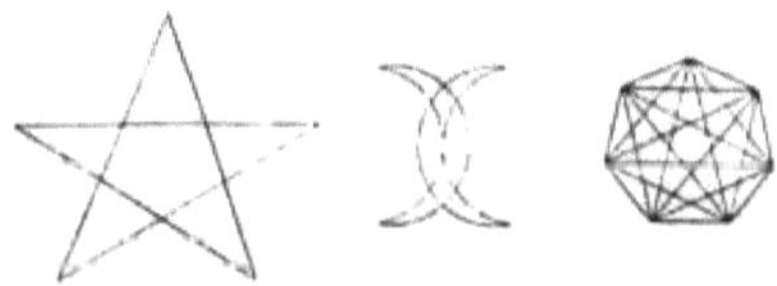

24. Recorra las siguientes figuras mediante un solo trazo sin levantar el lápiz sin retroceder. Volviendo al punto de partida cerrando el circuito.

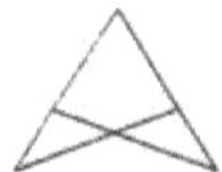 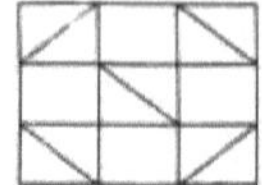 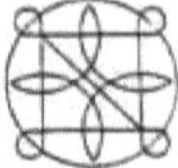

25. ¿Es posible recorrer las siguientes figuras mediante un trazo continuo, volviendo al punto de partida y cerrando el circuito?

 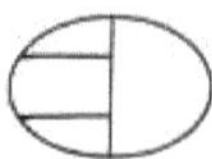 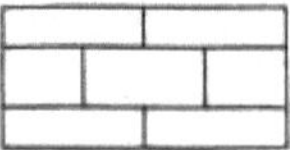

26. Divida la figura de un cuarto creciente de la luna en seis partes, trazando solamente dos líneas rectas.

27. Con doce fósforos se construye la figura de una cruz, cuya área equivale a la suma de la superficie de cinco cuadrados hechos también de fósforos. Cambie usted la disposición de modo que el contorno de la figura obtenida abarque solo una superficie equivalente a cuatro de esos cuadrados. No se deben utilizar instrumentos de medición. Utilice la creatividad.

28. Con ocho fósforos o palillos se pueden construir diversas figuras de contorno cerrado. Sus superficies son naturalmente distintas. Por ejemplo:

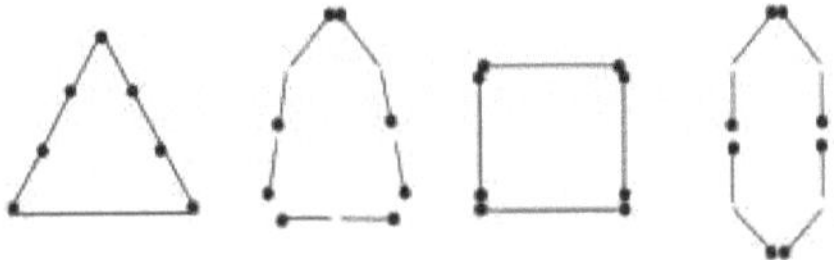

Se plantea ¿cómo construir con ocho fósforos la superficie máxima?

29. En un cuadrado de seis por seis casillas, siguiendo obligatoriamente las líneas del cuadrado, arme la palabra círculo. Si utiliza menos de tres minutos mejor.

30. En la siguiente figura formada por fósforos, mueva solamente dos para que la construcción quede mirando hacia el lado derecho. Hágalo en el menor tiempo posible.

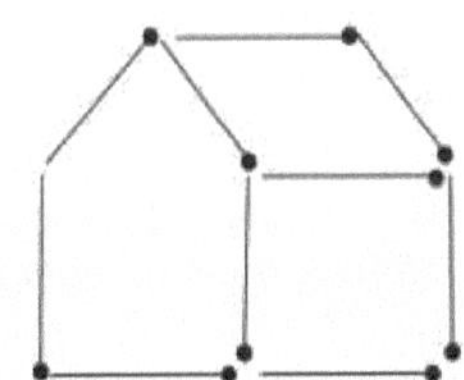

31. Dibujar cuadrados que se tocan, pero, el contacto entre los cuadrados debe ser a lo largo de todo un lado o parte de él; no vale el contacto vértice con vértice o con lado; los cuadrados no tienen que ser iguales de tamaño. Por ejemplo, en cuadrados de contacto tres a tres, cada cuadrado tocará a otros tres, ni uno más ni uno menos.

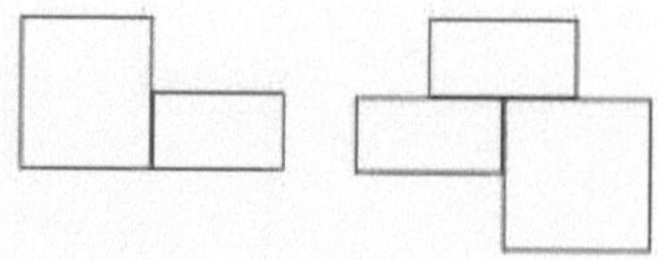

32. Sin levantar el lápiz haga una figura compuesta por ocho rectas que pase por todos los puntos de este gráfico. No puede pasar el lápiz dos veces sobre un mismo punto.

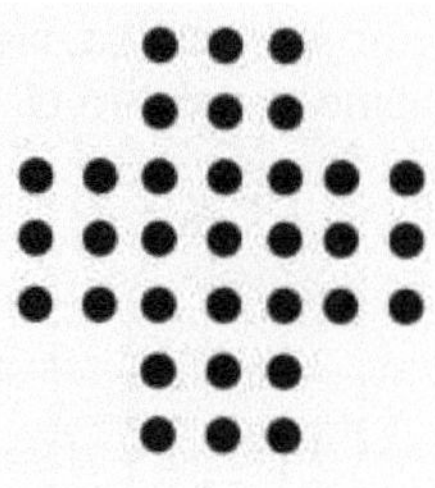

33. Cambie tres fósforos del lugar para formar tres cuadrados iguales. No deben sobrar fósforos ni quedar sueltos en el espacio.

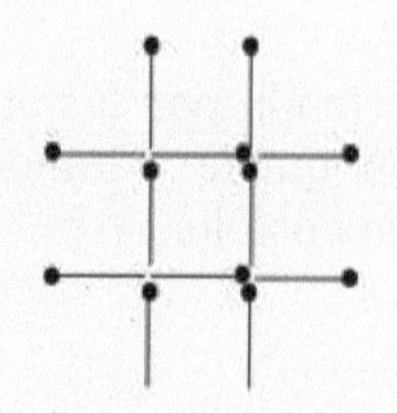

34. Un cubo de madera tiene sus caras pintadas de rojo. Si es cortado en 27 cubos menores ¿Cuántos de esos cubitos tendrán exactamente dos caras pintadas de rojo?

35. Cambie solo un fósforo del lugar y haga está operación correcta.

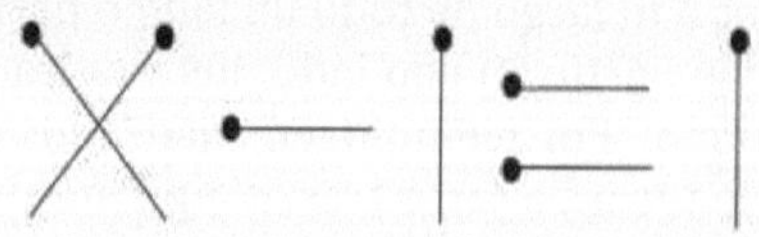

36. Si un ladrillo se equilibra con tres cuartos de ladrillo y un peso de tres cuartos de kilo. ¿Cuánto pesa un ladrillo entero?

37. Los postes de luz se colocan siempre a la misma distancia uno del otro. Si un automóvil se demora del primero al quinto poste 5 minutos, ¿cuánto se demora del quinto al décimo? La velocidad del auto no cambia.

38. Un bote flota en la piscina ¿Cómo hacer para que el nivel del agua se eleve más, si colocando una piedra en el agua o dentro del bote?

39. Colocar diez soldados en cinco filas de modo que cada fila tenga 5 soldados.

40. Se dispone de un reloj de arena que marca 7 minutos y de otro de 11 minutos, ¿Cuál es el método más rápido para controlar la cocción de un huevo que debe durar 15 minutos?

41. Construir 8 triángulos equiláteros trazando seis segmentos.

42. Un lobo, un cordero, un montón de hierba y un granjero están junto al borde de un río caudaloso. En el bote sólo cabe uno de los objetos y el granjero. ¿Cómo hacer para atravesar el río sin que el lobo se cómo al cordero y éste la hierba?

43. Cuatro parejas están de fiesta. Sus nombres son Alicia, Bárbara, Cecilia, Dora, Eduardo, Francisco, Gastón y Rodrigo. Francisco se pone a tocar la trompeta, acompañado por Cecilia, la cual toca el piano. Dora que no es la mujer del trompetista, no quiere bailar; Rodrigo se queda sentado para acompañarla. Entonces, los dos se dan cuenta que la mujer de Eduardo no baila con su marido si no con el de Alicia. ¿Quién es la mujer de Rodrigo?

44. El mayordomo de la señora de Gómez decide robar las joyas de su patrona. Estas están guardadas en cuatro cajas de colores diferentes: negra, roja, blanca y verde. El mayordomo recuerda que cada caja contiene dos objetos diferentes. Una caja guarda un reloj y un brazalete; otra, un anillo y un collar. En una tercera se hallan un collar y un brazalete. La caja blanca contiene un reloj y un anillo. La caja negra está situada entre la roja y la blanca. La caja roja está a la izquierda de la verde. Cada una de las dos cajas de la derecha contienen un collar y en cada una de las cajas de la izquierda hay un

reloj. Si el mayordomo por miedo a ser sorprendido solo se llevó la caja negra entonces, ¿qué joyas se robó?

45. Se tiene un barril de vino y dos medidas, una de tres y una de cinco litros. Se necesitan exactamente cuatro litros de vino. ¿Cómo obtener exactamente esa cantidad utilizando sólo esas dos medidas?

46. Carlos, Agustín y Mario se pasean en un auto. Cada uno está en el auto de cada uno de sus amigos y tiene el permiso de conducir del otro. El que lleva el permiso de Mario conduce el auto de Agustín. ¿Quién está en el auto de Carlos?

47. Una finca tiene cuatro árboles, se desea dividirla en cuatro partes iguales de tal manera que cada una de ellas quede con dos árboles como lindero. ¿Cómo debe hacerse la división?

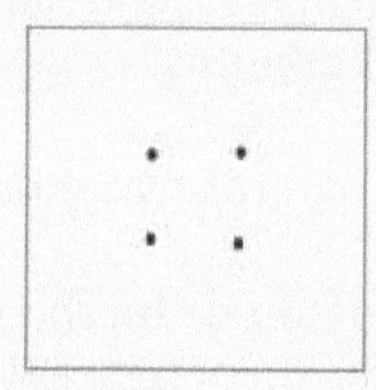

48. Un terreno de forma cuadrada tiene en el centro tres pozos de agua. ¿Cómo se debe dividir el terreno de manera que a cada uno de los tres herederos le corresponda la misma área y un pozo de agua?

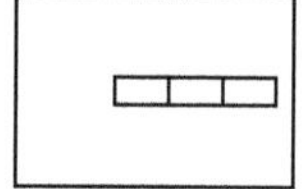

49. Usando estos tres segmentos de línea, ¿Qué clase de triángulo se puede construir? Marque con una equis (X) la respuesta correcta.

a. Escaleno
b. Isósceles
c. Equilátero
d. Rectángulo
e. Ninguno.

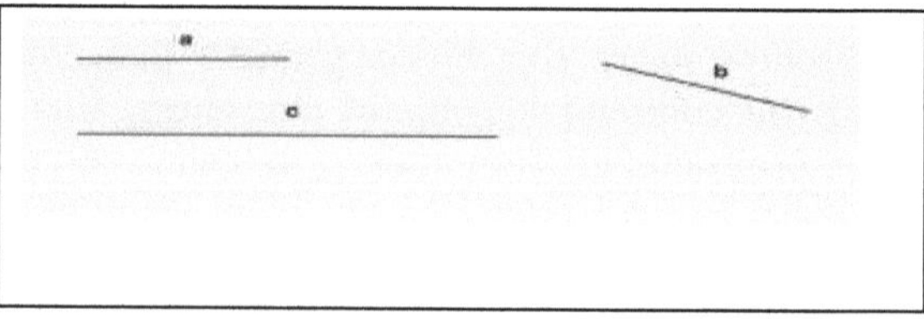

50. Marque con una X la figura que rompe la secuencia.

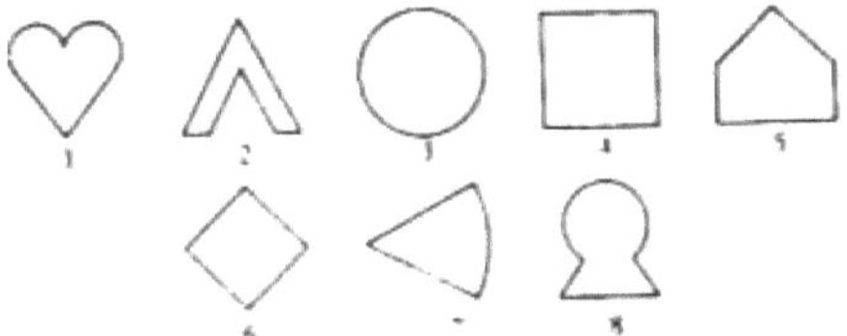

51. Haga corresponder la figura con su sombra.

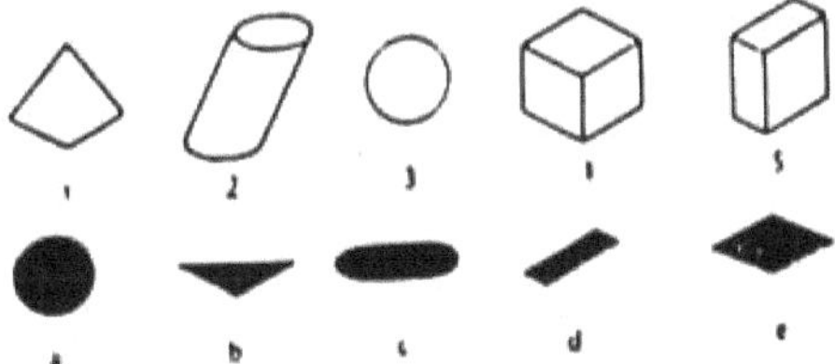

52. Marque con una X la figura diferente.

53. Empareje las caras numeradas del poliedro representado a la derecha, con las caras y aristas del desarrollo de este.

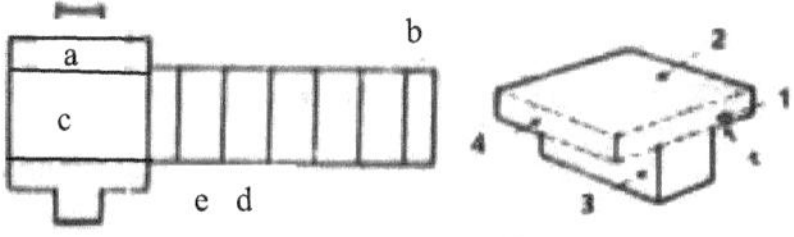

54. Complete el desarrollo del cubo (A), teniendo en cuenta los detalles en cada una de las seis posiciones dadas.

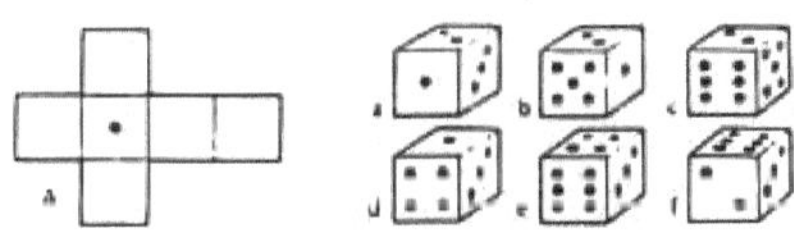

55. ¿Cuántos cuadrados perfectos hay en esta figura?

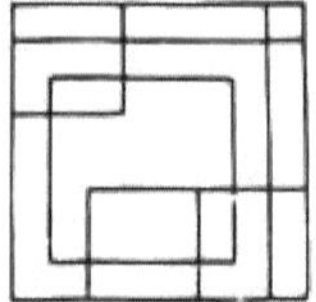

56. ¿Cuántas circunferencias hay en esta figura?

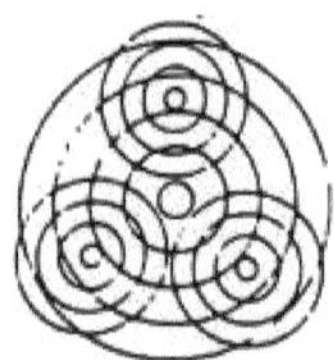

57. Las ruedas están acopladas por parejas. ¿Hacia qué lado girará la rueda F?

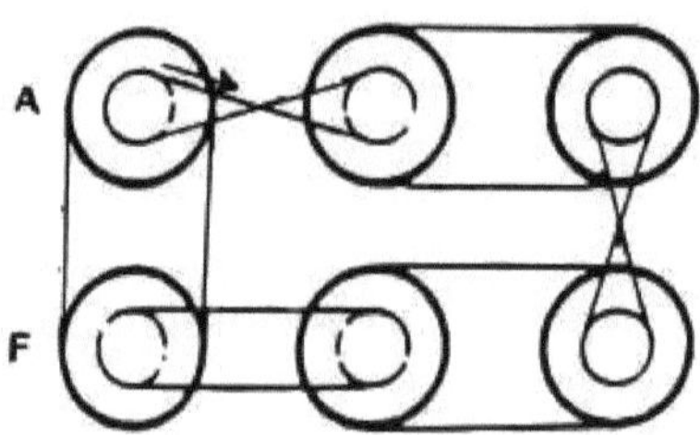

58. Si la polea A gira en el sentido que indica la flecha. Hacia dónde girará la polea B. Las poleas están acopladas por parejas.

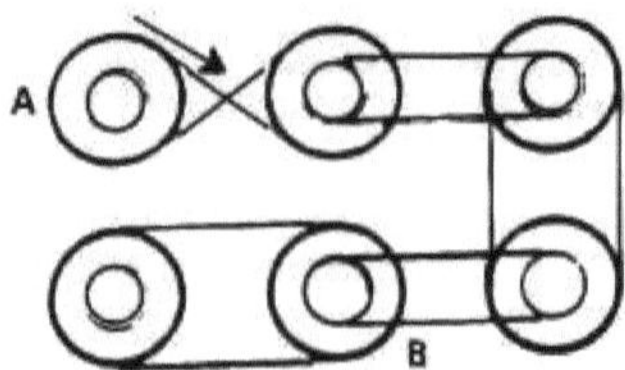

59. Si impulsamos la polea A, como lo indica la flecha. ¿Hacia dónde girará la polea B? Las poleas están acopladas por parejas.

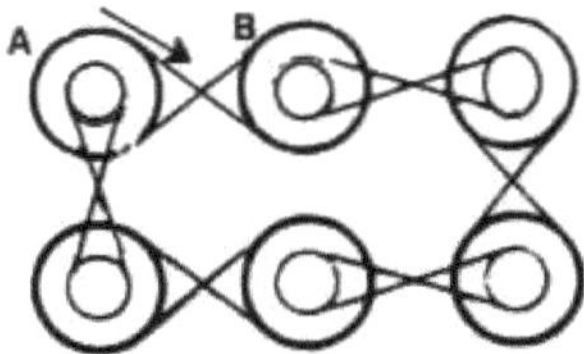

60. ¿Hacia qué lado girará la polea D si la A gira en el sentido que indica la flecha?

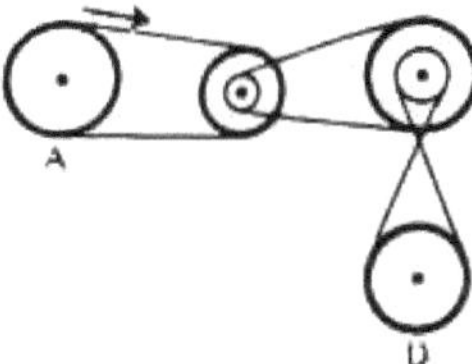

61. ¿Qué edad tendrá Pedro en el año 2000 sabiendo que esa edad será igual a la suma de las cifras de su año de nacimiento?

62. Juanito está orgulloso de cumplir un año más. Para lo cual compra figuras de colores que representan la cifra de su edad. Empapela su cuarto, al terminar le quedan 5 figuras. Con las tres primeras escribe su edad y la de su abuelo. Pero con las otras dos puede escribir la edad de su bisabuela. ¿Qué edad ha cumplido Juanito?

63. Con 5 fósforos o palillos, sin doblarlos ni quebrarlos, represente el resultado de un número al cubo.

64. En la siguiente figura ¿Puede ascender o descender indefinidamente sin por ello subir ni bajar?

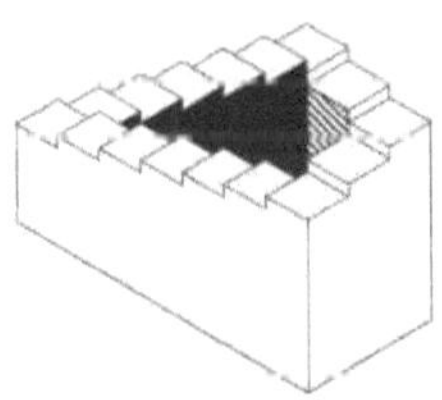

65. La siguiente figura gírela y hágala de lado hasta que observándola con un solo ojo los huecos coincidan con toda exactitud con los travesaños traseros del cajón. ¿Es posible?

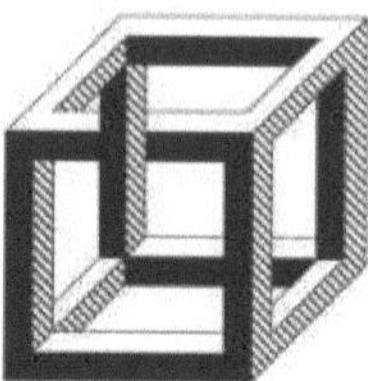

66. ¿Puede usted observar a dos hombres enojados en esta figura?

67. En diez casillas escribir un número de diez cifras de tal manera que el dígito que ocupe la primera casilla exprese el número de ceros que contiene en total el número problema; que el que ocupe la segunda casilla indique cuantos 1 hay en dicho número problema y así sucesivamente.

68. Recorrer a salto de caballo del ajedrez las casillas de los cuadrados de orden 3, 4, 5, 6, 7, 8. La regla prohíbe visitar al caballo dos veces la misma casilla (excepto en la jugada final) y la trayectoria del caballo no debe cortarse a sí misma. ¿Cuáles son las trayectorias, sin cruces, de longitud máxima que pueden trazarse en tableros de los tamaños y órdenes dados? Por ejemplo, de orden tres, la longitud máxima es dos y de orden cuatro la longitud máxima es cinco.

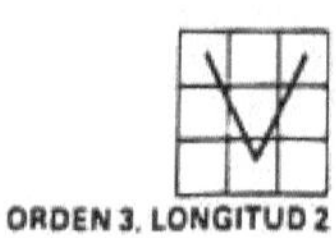

69. Escriba algunos palíndromos: palabras, frases o grupos de frases que se lean igual, ya sea de izquierda a derecha o de derecha a izquierda.

70. En un cuadrado rayado 8 x 8 casillas, ubique 8 cruces de tal manera que cada una esté en distinta fila y columna que las demás.

DESTREZA DEL PENSAMIENTO: IMAGINACIÓN - CREATIVIDAD

1. *Una manera relativamente sencilla para hacerse una idea del número de porciones consiste en utilizar colores para cada corte. En todo caso, el resultado final sería catorce porciones.*

2. *Por ejemplo, consiga un botón y dibuje 20 contornos circulares. Imagine 20 formas distintas de incluir una circunferencia en una imagen. No es necesario ser un gran artista para realizar este tipo de dibujos creativos. Sólo consiste en observar los objetos desde tantos puntos de vista como sea posible. Si ha realizado más de diez dibujos con dos líneas paralelas, posee una habilidad bastante considerable para emplear las imágenes de manera creativa. Si la puntuación es menor de diez, no se desanime, intente mejorar su habilidad practicando el ejercicio en sus ratos libres. También puede utilizar otras figuras.*

3. *La zanahoria, el sombrero y los trozos de carbón son los restos de un muñeco de nieve que se acaba de diluir. La hierba mojada lo atestigua.*

4. *He aquí tres posibles soluciones al problema, aunque a usted se le pueden ocurrir otras.*
   1. *Coloque el espejo sobre una superficie plana y forme con las cerillas el mensaje "S.O.S. "Después encienda otra cerilla y derrame gotas de cera sobre las letras. Así quedarán pegadas al espejo.*
   2. *Encienda la vela y deje caer gotas de cera caliente sobre el espejo. Antes de que éstas se endurezcan, escriba con las cerillas el mensaje o su equivalente en el código Morse: tres rayas, tres puntos y tres rayas.*
   3. *Encienda la vela y ennegrezca con el humo la superficie del cristal. Luego tome una cerilla y escriba el consabido mensaje.*

5. *Cuatro vueltas.*

6. *La respuesta posible es:*

$$\frac{6729}{13458} = \frac{1}{2} \qquad \frac{5832}{17496} = \frac{1}{3}$$

$$\frac{4392}{17568} = \frac{1}{4} \qquad \frac{2769}{13845} = \frac{1}{5}$$

$$\frac{2943}{17658} = \frac{1}{6} \qquad \frac{2394}{16758} = \frac{1}{7}$$

$$\frac{3187}{25496} = \frac{1}{8} \qquad \frac{6381}{57429} = \frac{1}{9}$$

7. *Solución:*

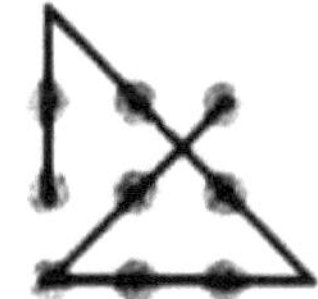

8. *Solución:*

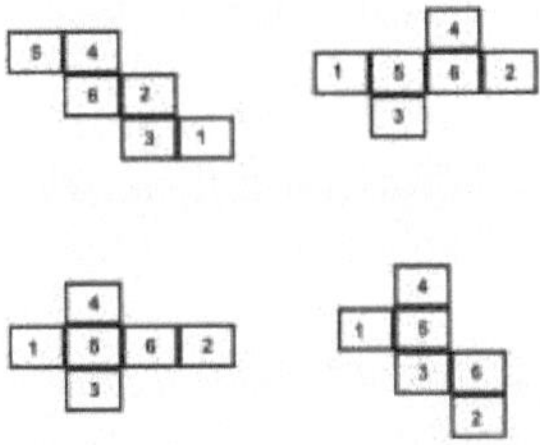

9. *La solución se tiene partiendo cuatro lotes de la misma forma que el original, pero cuatro veces más pequeños así:*

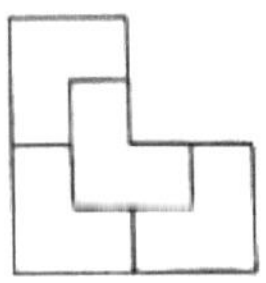

10. *La palabra es: QUIETUD*

11. *Sumerja un extremo del hilo en solución de agua azucarada muy concentrada. Al secarse, el agua azucarada endurece el extremo del hilo, el cual puede servir entonces como aguja.*

12. *Desinflar parcialmente los neumáticos del camión.*

13. *El silencio. El huevo. El hielo*

14.   *Solución:*

2	9	4
7	5	3
6	1	8

15. *En total se tienen 30 cuadrados.*

16. *La vaca.*

17. *Entre otras las respuestas podrían ser: Dos hombres discutiendo, un mexicano friendo un huevo, un pez espada que se asoma a la superficie para ver la puesta de sol, una serpiente subiendo una escalera, un campeón de la goma de mascar.*

18. *Pinche los dos alfileres en una hoja de papel de manera que sostengan la hebra de hilo, dejándola bastante floja. Ponga la punta del lápiz contra el hilo estirándolo. Ya puede trazar la figura solicitada.*

19. *El joven da vueltas alrededor del árbol, siempre fuera del alcance del perro, pero cerca de él. Como el perro está enfurecido y pretende morderlo, va enrollando la cadena al árbol hasta que queda tan corta que le impide alcanzar la bicicleta.*

20. *Simplemente cubre con las manos o una de sus prendas de vestir los ojos del caballo, que al no ver por dónde va, se detiene inmediatamente.*

21. *Se coloca la oreja cerca de una luz muy viva y el insecto, atraído por el resplandor de la luz, sale del oído.*

22. *Basta con colocarse detrás de la persona, espalda contra espalda.*

23. *Las figuras que no tienen nudo de orden impar se pueden dibujar con un trazo continuo partiendo de un nudo cualquiera. (Se llaman nudos a las puntas, de los cuales parten los trazos de líneas que se unen con* *otro; se llama orden de un nudo al dado por el número de trazos que de él parten).*

24. *Cuando una figura tiene solamente dos nudos impares, puede describirse con trazo continuo, partiendo de uno de dichos nudos.*

25. *No es posible, las figuras que tiene más de dos nudos impares no pueden describirse con un solo trazo continuo.*

26. *La respuesta es:*

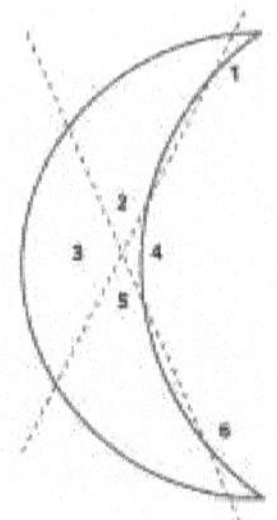

27. *Solución:*

28. *Solución:*

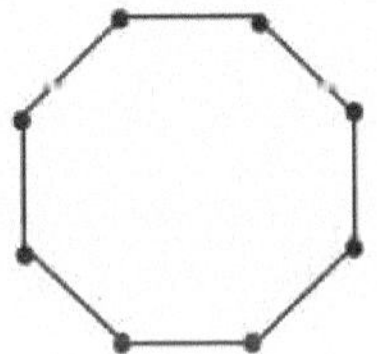

29. *Solución:*

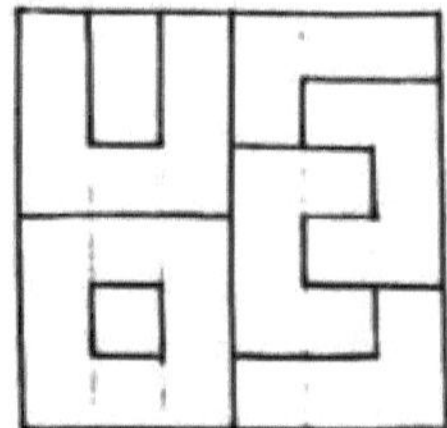

30. *Solución:*

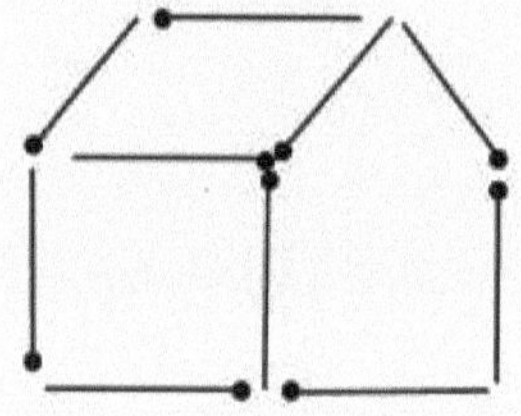

31. *Solución:*

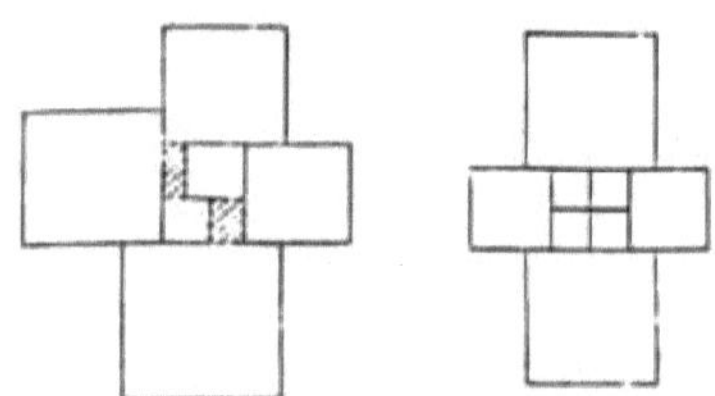

32. *Solución:*

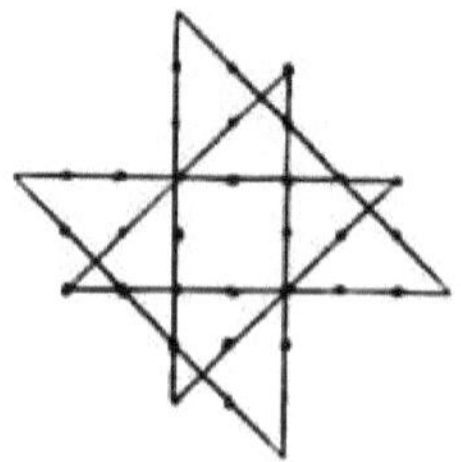

33. *Solución:*

34. *Solución: 12 cubos.*

35. *Solución: 1 x 1 x 1.*

36. *Tres kilos; pues el peso representa un cuarto de ladrillo.*

37. *6 minutos y 15 segundos. Entre el primero y quinto poste hay cuatro intervalos, entre el quinto y el décimo hay cinco.*

38. *Si se coloca la piedra en el bote se levanta más el nivel del agua.*

39. *Solución:*

40. *Se ponen a contar los dos relojes de 7 y 12 minutos, al mismo tiempo que echamos el huevo en el agua hirviente. Cuando se termine la arena en el reloj de 7 minutos, le damos la vuelta y esperamos a que se agote el de 11. Entonces le damos otra vez la vuelta al reloj de 7 minutos. Cuando se agote también la arena de este habrán pasado 15 minutos.*

41. *Solución.*

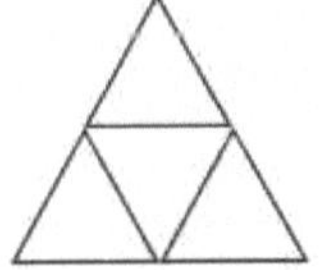

42. *Primero pasa el cordero; luego la hierba; después regresa al cordero y pasa al lobo; finalmente pasa al cordero.*

43. *La mujer de Rodrigo es Dora.*

44. *El mayordomo se robó un reloj y un brazalete.*

45. *Se llena la medida de cinco. Con el vino de ésta se llena la de tres. Quedan dos litros en la de cinco. Se vacía la medida de tres. Se vierten en ella los dos litros. Se llena la medida de cinco. Con el vino de esta medida se acaba de llenar la medida de tres, donde teníamos dos litros, o sea, que se saca un litro de la medida de cinco. Y quedan los cuatro litros.*

46. *En el auto de Carlos está Mario.*

47. *Solución:*

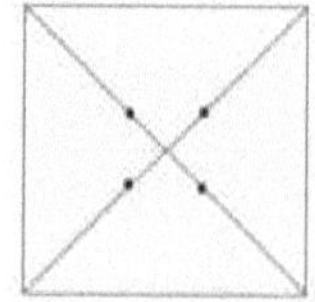

48. *Solución:*

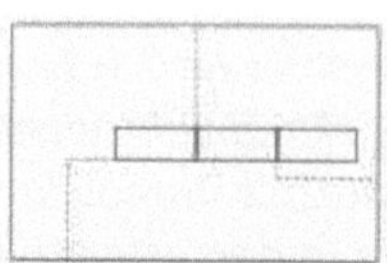

49. *Ninguno.*

50. *La 7. Pues si se traza un eje vertical no la divide simétricamente como sucede con las demás.*

51. *(1b) (2c) (3 a) (4 c) (5d).*

52. *La 4. Pues todas tienen dos partes sombreadas. La cuarta tiene tres partes sombreadas.*

53. *(1b) (2c) (3d) (4 a) (5e).*

54. *Solución:*

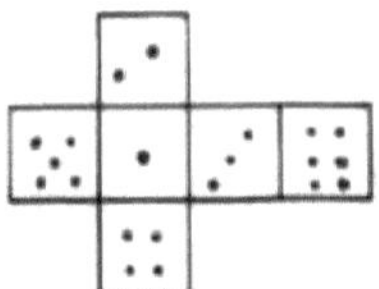

55. *Total: 8*

56. *Total: 17*

57. *La polea F gira hacia la derecha.*

58. *La polea B gira hacia la izquierda.*

59. *La polea B gira hacia la izquierda.*

60. *La polea D gira hacia la izquierda.*

61. *Nace en 1981 y en el año 2000 tendrá 19 años.*

62. *Juanito tiene 6 años, su abuelo 66 y su bisabuelo 99 años.*

63. *La respuesta: VIII (8 = 2^3).*

64. *Se trata de una figura "indecidible". La mente queda sumida en un estado de curiosa perplejidad.*

65. *Se trata de una figura "indecidible". Representa un objeto que no puede existir.*

66. *Sí. Usted debe fijar la mirada en el fondo blanco, por encima de la hoja de arce.*

67. *El número es: 6.210.001.000.*

68. *De orden 5 la longitud es 10; de orden 6 la longitud es 16; de orden 7 la longitud es 24; de orden 8 la longitud es 35.*

69. *Por ejemplo: RECONOCER, RADAR, ANILINA, etc*

70. *Solución:*

5.5. DESTREZA DEL PENSAMIENTO: DISCERNIMIENTO-RAZONAMIENTO-LÓGICA

La lógica proporciona coherencia formal al pensamiento, facilitando la construcción correcta de conceptos, proposiciones y razonamientos. Esto promueve el desarrollo secuencial de niveles de abstracción y complejidad, permitiendo un análisis profundo y estructurado. El discernimiento y el razonamiento lógico son esenciales para evaluar información, identificar falacias y tomar decisiones fundamentadas. Además, estos procesos mejoran la capacidad crítica y analítica, potenciando la creatividad al ofrecer un marco sólido para desarrollar ideas innovadoras.

Obrar en fácil, pensar es difícil. Obrar según se piensa es aún más difícil.
GEOTHE

Ejercicios

1. Un obstinado andinista trata de llegar a la cumbre de una montaña. Para ello debe subir 1000 metros, pero no tiene mucha experiencia, porque durante el día sube con entusiasmo 500 metros y, al llegar la noche, se duerme suspendido de las cuerdas y, sin darse cuenta, desciende lenta pero inexorablemente 300 metros. ¿Cuántos días empleará en conquistar su objetivo?

2. A la fase final de un concurso de belleza clasificaron tres jóvenes. Aunque no se sabe sus edades, no se ignoraba que María era mayor que la pelirroja, pero más joven que la peinadora; Myrna rea más joven que la rubia; que Marta era mayor que la de cabello negro; y que la mecanógrafa era la hermana mayor de la recepcionista. ¿Cuál era la profesión de cada una de las tres hermosas jóvenes?

3. Un magnate organiza una cena en su casa e invita a un grupo muy pequeño de personas. Entre los invitados están el suegro de su esposa, el abuelo de las hijas de su hermana, el suegro de su cuñado, el abuelo de sus hijos. También estaba su padre. ¿Cuántos invitados asistieron a la cena?

4. Pedro logra ahorrar exactamente $ 1'000.000. Uno de sus mayores placeres era contemplarlos. Cierto día ideó una forma de guardar su

dinero en paquetes rotulados, de modo que si se necesitaba cualquier cantidad podía tomarla sin tener que abrir ningún paquete. Podía tomar uno o más paquetes, pero sin tener que abrir ningún otro. Si en un paquete guardó $ 1000, en el siguiente $ 2000, y en el siguiente $ 4000, y así seguía duplicando sucesivamente las cantidades, excepto en el último. ¿Cuántos paquetes hizo y cuánto contenía cada uno?

5. Una persona promete contribuir con el aceite y el vinagre para una comida. Sin embargo, los tiene en una misma botella. Procede entonces a verter los dos ingredientes exactamente en las proporciones deseadas por cada comensal. ¿Cómo lo consigue?

6. Al amanecer un monje tomó un angosto sendero que llevaba a la cúspide de una montaña. Avanzó deteniéndose una que otra vez y llegó a su lugar de destino poco antes que anocheciera. En la madrugada siguiente descendió por el mismo camino, nuevamente con el paso irregular, descansando de vez en cuando. ¿Pasará el monje, al descender, por un mismo sitio del sendero y a la misma hora que cuando subió?

7. En la tina un niño juega con su barquito, el mismo que está cargado de tornillos. Si arroja los tornillos al agua y deja que el bote siga flotando vacío. ¿El nivel del agua subirá o descenderá?

8. Si se ata una cuerda al pedal de una bicicleta y alguien ala de la cuerda mientras otras personas sostienen ligeramente el asiento para conservar la bicicleta en equilibrio. ¿La bicicleta se moverá hacia delante, hacia atrás, o no se moverá?

9. El chofer de un camión se detiene antes de cruzar un puente endeble, se baja y golpea los costados del vehículo. Alguien le pregunta por qué hace tal cosa. El chofer le dice: "llevo dentro 200 palomas y creo que el peso es demasiado para el que soporta el puente. Estoy tratando de que vuelen dentro del camión para aligerar la carga". Si

el compartimiento del camión es hermético. ¿Qué se puede decir del razonamiento del chofer?

10. De la torre de una iglesia cuelgan dos cuerdas de campana que llegan hasta el suelo, están conectadas por dos agujeros y separadas entre ellas 30 centímetros. Un ladrón acróbata quiere apoderarse de toda la cuerda que le sea posible, pero no hay escalera alguna u otro objeto que le pueda ayudar. Debe trepar a las cuerdas a pulso y cortarlas con su navaja en los lugares más altos que le sea posible. Si embargo, el techo está tan alto que una caída sería fatal, incluso desde una tercera parte. ¿Cómo podrá obtener el ladrón la mayor cantidad de cuerda posible?

11. Dos madres y dos hijas ganaron $ 2´100.000 en un concurso. Cuando dividieron las ganancias cada una se llevó $ 700.000. ¿Por qué fue posible aquello?

12. Dos filas de carneros, cinco blancos y cinco negros, se encuentran por un estrecho sendero de montañas, por el cual no podía pasar más que un solo animal a la vez. Ahora bien, como los carneros saltan perfectamente, luego de unos instantes cada fila proseguía su marcha sin dificultades. ¿Cómo fue posible? Para saber cómo lo hicieron, tome cinco fichas o botones blancos y otros cinco negros. Tenga en cuenta que el primero de los carneros blancos dio el primer paso, que luego el primero de los carneros negros saltó por encima del primer carnero blanco, y así sucesivamente.

13. El cocinero de un restaurant quiere sacar exactamente cuatro decilitros de caldo de una olla, pero para medirlos solo tiene un recipiente de cinco decilitros y otro de tres. ¿Qué hace?

14. Una muchacha logra llegar hasta un islote rocoso luego de haber naufragado. En una cabaña abandonada encuentra una vieja lámpara de queroseno y varios fósforos, la madera de la isla estaba demasiado húmeda como para encender una hoguera, de modo que la lámpara es el único medio para hacer señales de auxilio, pero sólo tenía dos centímetros de queroseno y eso no era bastante para que alcanzara la mecha y los de la brigada de rescate pensaban revisar el sitio del

naufragio sólo unos 15 minutos debido al temporal. ¿Cómo encendió la lámpara y pidió socorro?

15. Un chico gana 50 monedas a la semana y gasta 35. ¿Calcule cuántas semanas necesitará para ahorrar 180 monedas?

16. ¿Sería más barato invitar a un amigo al cine dos veces o invitar a dos amigos una vez?

17. Un cazador sale de su cabaña y anda cinco kilómetros hacia el sur. En este punto dispara contra un oso. A continuación, camina tres kilómetros en dirección al Oeste, y ve que se encuentra a la misma distancia de su cabaña que cuando disparó contra el oso. ¿De qué color era el oso?

18. En una excursión de caza en África vi una jirafa grande y una pequeña. El guía me dijo que la pequeña era hija de la grande, pero que ésta no era su madre. Y el guía no mentía nunca. ¿Cómo puede ser?

19. En un cajón hay 10 calcetines rojos y diez calcetines negros. Si a oscuras se mete la mano en el cajón, ¿cuál es el número menor de calcetines que se deben sacar para estar seguro de que se obtiene un par de calcetines iguales?

20. Un hombre tenía un reloj de pared que daba las horas, y marcaba las medias horas con una campanada. Una noche volvió tarde a su casa. Al abrir la puerta oyó que el reloj daba una campanada. Media hora después escuchó otra campanada. Transcurrió otra media hora y de nuevo oyó otra campanada, y media hora más tarde una nueva campanada. ¿Qué hora era cuando volvió a casa?

21. Un sastre tiene una pieza de paño de 12 metros de longitud, y todos los días corta 2 metros. ¿Al cabo de cuantos días habrá cortado completamente la pieza?

22. Un caracol se traslada de una huerta a otra vadeando el muro de separación, que tiene 5 metros de altura; trepa verticalmente por el muro recorriendo cada día 3 metros y desciende, también verticalmente cada noche 2 metros, de modo que cada día avanza efectivamente 1 metro en su ruta. ¿En cuántos días llegará a la cima del muro?

23. En un estante se han colocado, en forma ordenada, los tres tomos de "La Divina Comedia" de Dante, que constan de 100 páginas cada uno. Una polilla empezó por taladrar la primera hoja del primer tomo y, prosiguiendo horizontalmente en el mismo sentido, dio término a su tarea con la última hoja del último tomo. ¿Cuántas hojas taladró?

24. Cierta familia está constituida por: un abuelo, una abuela, un suegro, una suegra, un yerno, tres hijas, cuatro hijos, dos padres, dos madres, tres nietos, dos nietas, cuatro hermanos, tres hermanas, dos cuñados, dos maridos, dos esposas, un tío, tres sobrinos, y dos sobrinas. ¿En total 40 personas, o son solamente 10?

25. Un comerciante, a fin de atraerse la clientela, anuncia conceder en sus ventas un 20% de descuento, pero modifica previamente los precios en ella marcados aumentándolos en un 20%. ¿Qué descuento hace, en realidad, sobre los precios originales?

26. En la orilla de un río se encuentran un lobo, una cabra y un gran repollo; no hay más que un barquichuelo, que únicamente da cabida al barquero y a una sola de tales cosas. ¿En qué forma puede hacerse la travesía para evitar que el lobo se coma la cabra, o ésta al repollo, durante la ausencia del barquero?

27. Imagínese que la rotación del Sol se realizara más despacio, esto es, que no diera la vuelta en 26 días sino en 365 días y ¼ (en un año). Entonces el sol tendría orientado hacia la Tierra siempre el mismo lado, nosotros no veríamos jamás la parte contraria, "la espalda del sol". Pero, por esta causa ¿Podría afirmarse que la tierra no da vueltas alrededor del Sol?

28. En un lugar del campo, una vecina de nombre María pone en la fogata común 3 leños; la vecina Isabel, 5 leños; y el vecino Pablo, que no tenía su propia leña, paga a cambio de usar la fogata común para cocinar un total de $ 800. ¿Cómo deben dividirse entre ellas el dinero?

29. Dos personas estuvieron contando durante una hora a todos los transeúntes que pasaban por la acera. Una estaba parada junto a la puerta, otra andaba y desandaba por la acera. ¿Quién contó más transeúntes?

30. Sucedió en 1932. Tenía yo entonces tantos años como expresan las dos últimas cifras del año de mi nacimiento, al saberlo mi abuelo dijo que con su edad ocurría lo mismo. Parecía imposible, pero mi abuelo me demostró. ¿Cuántos años teníamos cada uno de nosotros?

31. Una persona presta sus servicios como cajera en la estación el ferrocarril que cuenta con 25 estaciones. Es indispensable que los pasajeros puedan adquirir billetes desde la indicada estación hasta cualquier otra del ferrocarril, y además en ambas direcciones. ¿Cuántos boletos diferentes debe preparar la empresa para abastecer las cajas de todas las estaciones?

32. Tenemos un total de 48 fósforos divididos en 3 montones. No se sabe cuánto hay en cada uno. Pero si el primer montón paso al segundo tantos fósforos como hay en éste; luego del segundo pasó al tercero, tantos fósforos como hay en este tercero; y, por último, paso al primero tantos fósforos como existen ahora en este primero, resulta que habrá el mismo número de fósforos en cada montón. ¿Cuántos fósforos había en cada montón al inicio?

33. De una pieza de tela la madre toma la mitad, de esta toma la mitad su hijo, de la cual toma la mitad el esposo, la hija toma 2/5 de lo que quedaba. Finalmente, solo quedan 30 cm. ¿Qué longitud tenía la pieza de tela al principio?

34. En una caja hay 10 pares de guantes de color café y otros 10 pares de color negro. ¿Cuántos guantes es necesario sacar para conseguir un par de guantes del mismo color?

35. Dos parientes que viven en la misma casa, uno es joven y el otro viejo. El joven va a pie de la casa al empleo, le toma 20 minutos; al viejo 30. ¿En cuántos minutos alcanzará el joven al viejo, si este sale de casa 5 minutos antes que el joven?

36. Si tengo tres veces los años que tendré dentro de tres años, y si les resto tres veces los años que tenía hace tres años, resultará exactamente los años que tengo ahora. ¿Cuántos años tengo ahora?

37. Hace 8 años Pablo era exactamente tres veces más viejo que su hijo. ¿Cuántos años tiene ahora Pablo y cuantos su hijo?

38. En la siguiente multiplicación, más de la mitad de las cifras están sustituidas por asteriscos. Complete las cifras que faltan.

```
        * / *
        3 * 2
          * 3 *
    x   3 * 2 *
        * 2 * 5
      1 * 8 * 3 0
```

39. Complete los números que faltan en la multiplicación.

```
          * * 5
    x     1 * *
        2 * * 5
        1 3 * 0
          * * *
      4 * 7 7 *
```

40. Reponga las cifras que faltan en la división.

```
    * 2 * 5 * | 325
    * * *     | 1 * *
    * 0 * *
    * 9 * *
    * 5 *
```

41. En los círculos de este triángulo coloque las nueve cifras significativas 1 a 9, en forma tal que la suma lado sea 20.

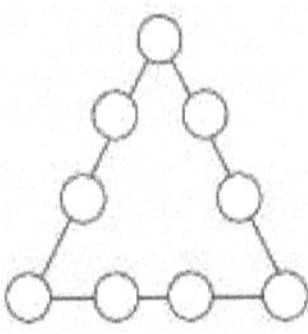

42. En el siguiente triángulo, las nueve cifras significativas deben colocarse de tal forma que sumen en cada lado 17.

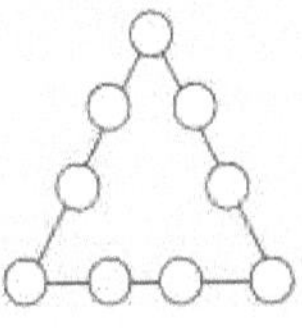

43. Coloque los números del 1 al 16 en la siguiente estrella de tal manera que la suma de cada lado sea 26 y de igual forma que esa sea la suma de los números de los puntos.

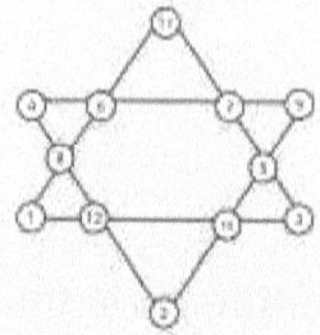

44. Un bloque de los que se utiliza en una construcción pesa 4 kg. ¿Cuánto pesará un bloque de juguete hecho del mismo material y cuyas dimensiones son todas 4 veces menores?

45. ¿Cuántas veces es más pesado un gigante de 2m? de altura que un enano de 1m?

46. A la venta hay 2 piñas de tamaño diferente. Una de ellas es la cuarta parte más ancha que la otra y cuesta vez y media más cara. ¿Cuál de las dos es la más conveniente comprar?

47. La parte carnosa y el hueso de un obito son del mismo espesor. Supongamos que el obito y el hueso (la pepa) tengan forma esférica. ¿Puede calcular mentalmente cuantas veces es mayor el volumen de la parte jugosa que la pepa?

48. En un día frío, una persona mayor y un niño están al aire libre. Ambos van igualmente vestidos. ¿Cuál de los dos tienen más frío?

49. Se guardan en una caja varias arañas y escarabajos, en total 8. Si se cuenta el número total de patas que corresponden a los 8 animales el resultado es 54 patas. ¿Cuántos escarabajos y cuantas arañas hay en la caja?

50. En algunas cestas hay huevos de gallina, en otras de pato. El número se indica en cada cesta: 5, 6, 12, 14, 23 y 29. Si se vende una de las cestas el dueño se queda con el doble de huevos de gallina que de pato. ¿A qué cesta se refiere?

51. Dos padres regalaron dinero sus hijos, uno de ellos le dio S/. 150.000, el otro entregó al suyo, $ 100.000. Resulta, sin embargo, que

ambos hijos juntos aumentaron su capital solamente en S/. 150.000. ¿De qué modo se explica esto?

52. En un tablero del juego de damas hay que colocar las fichas, una blanca otra negra. ¿Dé cuántos modos diferentes pueden disponerse las fichas?

53. Coloque en los asteriscos las cifras reemplazadas.

54. Coloque en los asteriscos las cifras que faltan.

55. Tenemos un cuadrado de 1m. de lado, dividido en cuadritos de 1 mm. Calcule mentalmente que longitud se obtendría si se colocan los cuadritos en línea, uno junto al otro.

56. Imagínese un cubo de 1 metro de arista dividido en cuadritos de 1mm. Calcule mentalmente la altura que tendrá una columna formada por los cubitos dispuestos uno encima de otro.

57. Un objeto pesa 89.4 g. Calcule mentalmente las toneladas que pesa un millón de estos objetos.

58. Dividir los números del 1 al 16 en los puntos de intersección de la figura, de modo que la suma de cada lado sea 34 y la suma de sus vértices también sea 34.

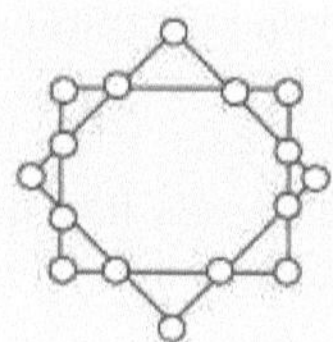

59. Distribuir las cifras del 1 al 9 de tal modo que una cifra siempre ocupe el centro y de las tres cifras de cada fila sumen siempre 15.

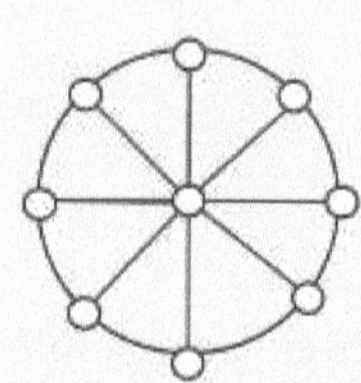

60. Distribuir 24 personas en 6 filas de modo que en cada fila haya 5 personas.

61. Resolver la suma reemplazando las letras por valores numéricos: Donde L = 4 y R = 6.

```
    AXEL
  _ CAEU
    EULER
```

62. Tiene 2 vasijas para cargar agua. Una de ellas con capacidad para 16 litros, la otra 11 y la otra 6. La más grande está llena de agua. Las otras vacías. ¿Cuántas operaciones se necesitan para tener exactamente 8 litros de agua en una vasija?

63. En un lugar remoto, algunos habitantes dicen siempre la verdad y todos los demás siempre mienten. Un hombre estaba siendo juzgado por un crimen y frente a la Corte, solo podía en su defensa decir una frase. Pensó y analizó la situación y expresó: "la persona que cometió el crimen es un mentiroso empedernido". ¿Hizo bien o mal al defenderse de esa manera?

64. Raúl está muerto en un bar de la ciudad, junto a él se encuentra un frasco de veneno. En el sitio están cuatro personas sentadas en el sofá discutiendo el crimen, sus nombres: Tirso, Marcelo, y Juan. Sus profesiones, aunque no en el orden de sus nombres son: comerciante, profesor, bibliotecario y abogado. Otras informaciones que se tienen: Juan y Marcelo beben whisky, el bibliotecario comparte el sofá con Pedro; Marcelo es hijo único el profesor, es abstemio y está sentado a la izquierda de Tirso. Tirso está casado con la hermana del abogado. De repente alguien se mueve y pone un polvo en el vaso de cola de Juan, quien posiblemente es el asesino, nadie se levantó del asiento, no hay nadie más en la sala. ¿Cuál es la profesión de cada persona? ¿Dónde está sentado cada uno? ¿Quién es el asesino?

65. Coloque números del 1 al 7 en los círculos de la figura de modo que los tres   vértices de cada triángulo blanco sumen 3 números consecutivos.

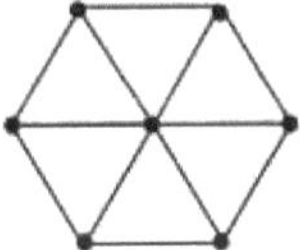

66. Tome de la baraja los 4 ases, los 4 dos, los 4 tres, y los 4 cuatro. Coloque sobre la mesa como se indica en la figura.

A	A	A	A
2	2	2	2
3	3	3	3
4	4	4	4

La tarea consiste en mover las cartas hasta que queden en orden inverso, pero debe considerarse: una carta se mueve por otra vecina cuyo valor sea un punto mayor o menor que ella. Dos cartas son vecinas cuando se tocan, por un lado, no pueden cambiarse en diagonal. El orden de los naipes no importa, solo los valores. Llegue al final con el número menor de movimientos.

67. Un vendedor tiene tres costales cerrados, de los cuales uno contiene papas, otro zanahoria, y el tercero, papas y zanahorias. Cada costal tiene un rótulo: papas, zanahorias; papas y zanahorias. Pero ningún rótulo corresponde con el contenido de los respectivos costales. El vendedor debe sacar sin mirar, un solo tubérculo de uno de los tres costales. Al verlo tendrá que identificar el contenido de cada costal. ¿Se puede hacerlo con solo sacar un tubérculo?

68. En un batallón de 120 soldados: 46 tienen nombre español; y 41 son rubios; 8 son rubios, casados y de nombre español; 15 son solteros y de nombre español. ¿Cuántos soldados son casados?

69. Doce atletas participan en una carrera. Deduzca las posiciones si: Javier llegó después de Jacinto, Esteban llegó antes que Adriano, Alfonso llegó tres posiciones después de Luis. Juan llegó tres posiciones antes que Adriano. Pablo llegó siete posiciones antes que Esteban, Luis llegó un segundo después de Pedro. Martín llegó tercero. Martín llegó tercero. Daniel llegó después de Juan y tres posiciones después de Javier. José llegó inmediatamente después de Javier.

70. Halle el valor numérico de cada una de las letras de la siguiente suma. Sabiendo que D = 5.

$$
\begin{array}{r}
DONALD \\
+ \quad GERALD \\
\hline
ROBERT
\end{array}
$$

71. Coloque los dos números que continúan las siguientes series.

a) 19 - 16 - 14 - 11 - 9 - 6. — —
b) 11 - 13 - 12 - 14 - 13 - 15. —
c) 18 - 14 - 17 - 13 - 16 - 12. —

72. Rodee con un círculo el número que no corresponda a estas series.

a) 16 - 8 - 4 - 3 - 2.
b) 8 - 4 - 12 - 14 - 16 - 20 - 24.
c) 84 - 77 - 70 - 65 - 63 - 56.

73. Tres hermanos reciben como herencia 35 camellos. Al primero le corresponde como herencia la mitad, al segundo la tercera parte, y al tercero la novena parte. ¿Cómo efectúan el reparto de manera aceptable y en forma exacta?

74. Un hombre ofrece pagar por su hospedaje $ 200 si sus joyas se venden por $100.000; y $350 si se venden por $200.000. Como vendió su lote de joyas por $ 140.000, ¿cuánto debe pagar de acuerdo con el trato por el hospedaje?

75. Se tienen 21 vasijas, de las cuales 7 están llenas de vino, 7 medias llenas y 7 vacías. Quiere repartirse estas 21 vasijas de modo que tres personas reciban el mismo número de vasijas y la misma cantidad de vino. ¿Cómo proceder?

76. En un restaurante tres personas hacen un pago cada una de $ 30, al cabo de un momento el salonero regresa y dice que el gasto es solo de $ 25. Tomando las cinco monedas de $1 devueltas se entregan una a cada persona, como sobran dos se entregan al salonero. Pero una vez que se va el salonero los 3 comensales razonaba así: si cada uno de nosotros pagó $ 9, hubo un total de $ 27, los $ 2 al salonero, lo que resulta $ 29, para $ 30, falta $ 1. ¿Cómo explicar este misterio?

77. Se pide que tres hermanas A, B y C vendan 90 manzanas en el mercado. Para A se da 50 manzanas, a B 30 y a C se le entregan 10. Las condiciones: si A vende las manzanas a un precio, las otras dos tendrán que venderlas las suyas al mismo precio; el negocio se hará de tal forma que las tres logren con la venta de sus respectivas manzanas una cantidad igual de dinero, no se pueden deshacer de ninguna manzana. ¿Cómo resolverlo?

78. El capitán de un barco pirata como recompensa a la colaboración de tres marinos en la búsqueda de un tesoro les entrega un cierto número de monedas de oro, más de 200 pero no menos de 300. Las monedas se colocan en una caja para repartirlas al día siguiente, repartición encargada a un oficial de a bordo. Sin embargo, durante la noche, uno de los marinos premiados decide sacar su parte, el dinero lo divide en tres partes iguales, pero le sobra una moneda, para que no haya peleas la arroja al mar. El segundo marinero posteriormente sin enterarse de lo que hizo el primero; va a la caja divide el dinero para tres; le sobra una moneda y la arroja al mar. Igual el tercero. A la mañana el oficial reparte las monedas que encuentra en tres partes, pero como sobra una la toma como pago a su labor. ¿Cuántas monedas había al principio? ¿Cuántas monedas recibe cada marinero?

79. Un millonario deja a sus hijos cierto número de perlas y señala que la división se realice así: la hija mayor tome una perla y un séptimo de lo que quedara. La segunda hija con dos perlas y un séptimo de lo

restante; la tercera con tres perlas y un séptimo de lo que quedara. Y así sucesivamente. ¿Cuántas perlas había? ¿Cuántas eran las hijas del millonario?

80. A tres sabios les entrega el presidente de una empresa $ 5, señalando que en el palacio hay tres salas iguales completamente vacías y que cada uno deberá llenar completamente una sala cerrada, pero sin gastar en esta tarea más de lo que acaban de recibir. ¿Cómo puede resolverse el reto?

81. Tres sabios son puestos a prueba, se les muestra cinco discos; de los cuales dos son negros y tres son blancos; del mismo tamaño e idéntico peso. A sus espaldas se les cuelga un disco cuyo color ignoran. Quien descubra el color del disco que le tocó en suerte será declarado vencedor. El primer interrogado podrá ver los discos de los otros dos competidores, el segundo podrá ver el disco del último, y el tercero dirá su respuesta sin ver nada. Los primeros equivocan la respuesta. El tercero acierta y dice que el color de su disco es blanco. ¿Cuál fue su razonamiento?

82. Se pide a un sabio que con sólo tres preguntas que haga a cinco candidatas al reinado de una ciudad, las cuales tienen cubiertos sus ojos, diga que color de ojos tiene cada una de ellas. Se sabe que de las cinco dos tienen ojos negros y las tres restantes azules. Las candidatas de ojos negros dicen siempre la verdad y las de ojos azules mienten siempre al ser interrogadas. El sabio pregunta a la primera candidata: ¿De qué color son tus ojos? Para su sorpresa responde en un idioma que saben las candidatas, pero no él. A la siguiente le interroga: ¿Cuál es la repuesta que acaba de dar tu compañera? Le contesta: "dijo: mis ojos son azules". A la tercera le pregunta: ¿De qué color son los ojos de las dos candidatas anteriores que acabo de interrogar? Responde: "la primera tiene ojos negros, la segunda azules". Al instante el sabio señala: la primera candidata tiene ojos negros, la segunda azules, la tercera negros, las otras dos tienen ojos azules. ¿Cómo lo logró?

83. Cada uno de los socios del Club V.M. es, o bien veraz y dirá siempre la verdad al ser preguntado, o bien mentiroso y entonces responderá siempre una mentira. En mi primera visita al club encontré a todos sus miembros, exclusivamente hombres, sentados en una mesa circular, tomando el almuerzo. No había forma de distinguir a veraces y mentirosos por su apariencia externa, así que fui

preguntándoles por turno si eran una u otra cosa. De nada me sirvió, pues como era de esperar, todos aseguraron ser veraces. Volví a probar, esta vez, preguntando a cada uno si su vecino de la izquierda era veraz o mentiroso. Para sorpresa mía, todos contestaron que el hombre sentado a su izquierda era mentiroso. Más tarde, de vuelta a casa, al pasar a computadora mis notas sobre lo preguntado durante el almuerzo descubrí que había olvidado tomar nota del número de personas sentadas a la mesa. Llamé por teléfono al presidente del club, quien me informó que eran 37. Después de colgar me di cuenta de que no podía confiar en esa cifra, porque no sabía si el presidente era veraz o mentiroso. Decidí entonces telefonear al secretario del club. No, me respondió el secretario: "por desgracia nuestro presidente en un mentiroso empedernido. La verdad es que estábamos 40 comensales". ¿A cuál de estos dos hombres debería creer?

84. Entre las afirmaciones de este problema hay tres errores. ¿Puede decir cuáles son?

a) 2 + 2 = 4
b) 4/ (1/4) = 2
c) 3 1/5 x 3 1/8 = 10
d) 7 - (- 4) = 11
e) - 10 (6 - 6) = 10

85. Una secretaria escribe cuatro cartas a otras tantas personas. Seguidamente busca los sobres y guarda cada carta en un sobre distinto, al azar, sin preocuparse de que la carta vaya al destinatario del sobre. ¿Cuál es la probabilidad de que haya exactamente tres cartas dirigidas al destinatario correcto?

86. Si tomara usted tres manzanas de una cesta que contiene trece. ¿Cuántas manzanas tiene usted?

87. García pagó al encargado de un hotel $ 150 por una noche. El encargado se dio cuenta que había pagado $ 50 de más, y envío al botones con cinco billetes de a diez a la habitación de García. El botones que era un pillo le dio solamente tres billetes a García y se guardó los otros como propina. Ahora bien: García ha pagado a fin de cuentas $ 120, el botones se ha quedado $ 20, en total $ 140. ¿Dónde está el billete que falta?

88. Un viajero recorre en coche 5.000 km. Cambia regularmente las ruedas, incluida la de repuesto, para que todas tengan igual desgaste. Al terminar el viaje, ¿durante cuántos kilómetros ha sido utilizada cada rueda?

89. Un griego nació el séptimo día del año 40 antes de Cristo, y murió el séptimo día del 40 después de Cristo. ¿Cuántos años vivió?

90. ¿Qué es mejor: un reloj que da la hora exacta una vez por año o un reloj que es puntual dos veces al día?

91. Una persona que dentro de diez años tendrá tres veces la edad que tenía hace diez años, ¿cuántos años tiene hoy?

92. Si se sabe que como promedio cada rama de un árbol tiene 347 hojas y que el árbol tiene un total de 98.548 hojas, ¿cuántas ramas necesita el árbol para tener la mitad de las hojas que tiene ahora?

93. Dos viajeros comparten su comida con un hombre que encuentran en el camino. Uno de los viajeros tiene cinco panes y el otro tiene tres panes. El hombre promete a cada viajero que cuando lleguen a la ciudad, en gratitud, dará una moneda de oro por cada pan que coma. ¿Cuántas monedas le corresponde a cada viajero?

94. El dueño de un zoológico tiene varios animales: todos son leones menos dos, todos son focas menos dos, y todos son águilas menos dos. ¿Cuántos animales tiene de cada clase?

95. Un hombre tiene 40 años y su hijo tiene 20. ¿Después de cuántos años tendrá el padre tres veces la edad de su hijo?

96. Entra un cliente en una tienda a comprar un bolígrafo que vale $ 5. Paga con un billete de $ 25. En la tienda no tienen cambio para darle el vuelto y mandan a un chico a otra tienda a cambiarlo. Vuelve el chico con cinco billetes de $ 5, el cliente recibe cuatro y se va. Entra después el dueño de la otra tienda con el billete de $ 25 y reclama que se lo cambien porque el billete es falso. ¿Cuánto ha perdido en esta operación el dueño de la tienda de bolígrafos?

97. Una cosa que vale cuatro veces más la mitad de lo que vale, ¿cuánto vale?

98. Un tren sale de Madrid en dirección a Barcelona a la velocidad de 100 km. por hora. Dos horas después, otro tren sale de Barcelona en dirección a Madrid a la velocidad de 50 km. por hora. ¿Cuál de estos dos trenes, en el momento que se cruzan, está más lejos de Madrid?

99. En una estantería hay una obra de dos tomos, colocados uno al lado del otro de la forma corriente. Las cubiertas de cada volumen miden 1 milímetro de grueso, y el grueso total de las hojas de los libros es de 30 milímetros. Una polilla está situada justo en la primera hoja del volumen primero, y va comiendo el papel a razón de un milímetro por día. ¿Cuántos días tarda en llegar la polilla de la primera hoja del primer volumen a la última hoja del segundo volumen?

100. Dos trenes van en sentido contrario, uno desde A hacia B y el otro de B hacia A. La distancia entre A y B es de 100 km. Los trenes van a 50 km. por hora. Una golondrina vuela de una locomotora a la otra, a doble velocidad que los trenes. Cuando alcanza la otra locomotora vuelve a volar a la primera y así sucesivamente hasta que los trenes se encuentran. ¿Cuántos kilómetros de vuelo ha sumado golondrina desde un tren hasta el otro?

101. Dos muchachos tienen algunas nueces. Si el que tiene menos le dice al otro que le dé una, estarán empatados. Si el que tiene menos le da otra al que tiene más, en cambio este tendrá el doble. ¿Cuántas nueces tiene cada uno?

102. Supongamos que tiene un conejo y una coneja. Todos los meses la pareja tiene un conejito y una conejita. Suponiendo que cada pareja de conejitos se hace adulta en dos meses, y que cada mes tiene a su vez una pareja descendiente. ¿Cuántos conejos habrá al final del año?

103. Un largo túnel se abre justamente a la salida de una estación de tren. ¿En qué vagón se debe viajar para estar el menor tiempo posible dentro del tren?

104. La abuelita distribuye todos los domingos a sus nietos que le visitan un número invariable de chocolates y de manera igual entre ellos. Cierto domingo uno de sus nietos no la visita y cada niño recibe dos chocolates adicionales. El domingo siguiente el que faltó

trae un compañero y cada niño recibe un chocolate menos. ¿Cuántos nietos tiene la abuelita?

105. Tres cajas contienen: dos bolas blancas; otras dos bolas negras, y la tercera otra bola negra. Los contenidos están indicados en etiquetas BB, NN, y NB que han sido pegadas equivocadamente, de modo que ninguna tiene la etiqueta correcta. Se permite a una persona entreabrir una caja sólo el tiempo necesario para ver una bola. ¿Cómo proceder?

106. De Quito a Guayaquil viajan 6 personas: José, Martín, Raúl y, tres delincuentes: un ladrón, un estafador y un falsificador cuyos nombres son homónimos de las personas nombradas. Raúl vive en Guayaquil, el estafador vive a la mitad del camino entre Quito y Guayaquil. Martín tiene 5 hijos. El ciudadano que vive más cerca del estafador tiene tres veces más hijos que éste. El homónimo del estafador está radicado en Quito, y José gana un partido de villar al ladrón. ¿Cuáles son los nombres del ladrón, el estafador y el falsificador?

107. Una persona dice que tiene tantas hermanas como hermanos, la hermana de la persona que lo dice declara: tengo dos veces más hermanos que hermanas. ¿Cuántos hermanos son?

108. Una persona al ser interrogada sobre la fecha de su cumpleaños declara: anteayer yo tenía 19 años y el año próximo tendré 22. ¿Cuál es la fecha de su cumpleaños?

109. Hallar en cifras el valor de CDDC de la operación de resta.

$$
\begin{array}{r}
-\,AABB \\
\underline{BBAA} \\
CDDC
\end{array}
$$

110. Resolver la multiplicación sabiendo que las veinte "X" son dos veces la cifra significativa.

$$
\begin{array}{r}
X\,X\,X \\
\underline{X\,X\,X} \\
X\,X\,X \\
X\,X\,X \\
\underline{X\,X\,X} \\
X\,X\,X\,X\,X
\end{array}
$$

SOLUCIONARIO

***DESTREZA DEL PENSAMIENTO: DISCERNIMIENTO -
RAZONAMIENTO - LÓGICA***

1. *Empleará 9 días en conquistar su objetivo.*

2. *De la información que se brindó se deduce que María no era la menor ni la mayor, que era rubia o tenía el cabello negro, que era recepcionista o mecanógrafa, y que la pelirroja era menor que ella. También se deduce que Martha era rubia, la de mayor de edad y la peinadora. Así María tenía el cabello largo y era la recepcionista. Por consiguiente, Myrna era la menor, la pelirroja y la mecanógrafa.*

3. *Asistió a la cena una persona: su padre.*

4. *Hace diez paquetes y su respectivo contenido era: $1.000, $2.000, $ 4.000, $ $8.000, $16.000, $32.000, $64.000, $128.000, $256.000, $489.000. Al cambiarlos podría tener cualquier cantidad superior a mil sin tener que abrir ningún paquete.*

5. *Como el aceite flota sobre el vinagre pudo fácilmente poner algo de este líquido ya que estaba en la mitad superior de la botella. Luego, tapa y vira la botella y espera a que el aceite suba. A continuación, la destapa un poco y escurre la cantidad de vinagre que desee el comensal.*

6. *Sí, lo hará. Para comprender la solución basta imaginar dos monjes que caminan el mismo día, uno de subida y otro de bajada. Ambos caminan por el mismo sendero que tomó el monje verdadero y con el mismo paso irregular. Los dos monjes imaginarios deben encontrarse en algún lugar, que es el punto que el monje verdadero ocupó en ambos viajes, exactamente el mismo tiempo.*

7. *El nivel del agua descenderá. Un objeto flotante desplaza su peso en el agua, uno sumergido desplaza su volumen.*

8. *Al jalar de la parte inferior del pedal la bicicleta se mueve hacia atrás. La fuerza que se ejerce sobre el pedal va en la dirección que en condiciones normales empujaría la bicicleta hacia adelante. Pero el tamaño de las ruedas y la relación de engranaje entre el pedal y el*

piñón de la rueda hace que la bicicleta se mueva hacia atrás por el tirón.

9. *El método el chofer es inútil. El peso de un compartimiento cerrado que contenga un ave es igual al peso del compartimiento más el peso del ave, salvo cuando el ave está en el aire y se impulsa hacia arriba o hacia abajo. Lo primero aumenta el peso del conjunto y lo último lo reduce. Las aves al aletear combinan los impulsos ascendentes y descendentes de manera que a la postre se compensan. Por tanto, el peso total sigue siendo casi el mismo.*

10. *El acróbata ata primero los extremos inferiores de las cuerdas. Trepa por la cuerda A hasta arriba y corta la B, dejando de ella solo lo suficiente para hacer un pequeño lazo. Se cuelga de ese lazo y corta la cuerda A en el techo mismo, sin permitir que caiga. A continuación, pasa el extremo de la cuerda A través del lazo y la pasa hasta que el nudo se encuentre arriba. Después de haber descendido por esa cuerda doble la jala para librarla del lazo, y así obtiene toda la longitud de la cuerda A, y casi toda la de cuerda B.*

11. *Las dos madres y dos hijas eran abuela, madre e hija.*

12. *El carnero blanco número 1 se adelanta hasta el lugar libre y el carnero negro 1 salta sobre él. El carnero negro 2 ocupa el lugar del 1, y los blancos 1 y 2 dan un salto adelante. El carnero 3 se adelanta al lugar libre y los negros 1, 2, 3 dan un salto adelante. Luego, el carnero 4 se adelanta un lugar y todos los carneros blancos dan un salto adelante.*

13. *Llena el recipiente de tres decilitros y vierte el caldo en el recipiente de cinco decilitros. Luego vuelve a llenarlo y echa líquido hasta que lo colma el de cinco. Solo queda un decilitro en el de tres. Vacía el recipiente de cinco y echa allí el decilitro que queda en el de tres, finalmente llena el recipiente de tres y lo vierte en el de cinco, con lo cual obtiene los cuatro decilitros exactos que necesitaba.*

14. *Coloca la lámpara en el agua hasta llenarla. Como el queroseno es más liviano queda encima del agua, alcanzando la mecha. De esa manera pudo mantener encendida la lámpara y ser vista por la brigada de rescate.*

15. *Necesitará 12 semanas.*

16. *Si lleva a los amigos una vez sólo tendrá que comprar tres entradas. Si lleva a un amigo dos veces, comprará dos para él y dos para usted.*

17. *Era blanco. Pues sólo en el Polo Norte puede una persona andar 5 km. al Sur, y luego tres kilómetros al Oeste sin alejarse más del punto de partida. Y en la región ártica los osos son blancos.*

18. *La grande era la jirafa macho. Era el padre de la pequeña.*

19. *Tres. Se podría sacar un par de calcetines iguales sacando solamente dos, pero sacando tres, dos serán forzosamente iguales entre sí.*

20. *Oyó la última campanada de la media noche al abrir la puerta.*

21. *Evidentemente en 5 días.*

22. *En dos días.*

23. *En total 102 hojas, puesto que los volúmenes se hallan ordenados de izquierda a derecha, y las hojas de los volúmenes resultan ordenados de derecha a izquierda, y, además, son adyacentes al segundo tomo, la primera hoja del primero y la última del tercero.*

24. *A continuación, damos el cuadro genealógico:*

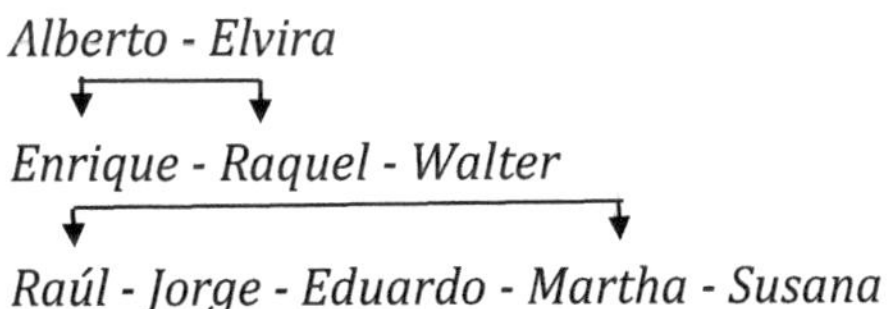

25. *En efecto si el precio de una mercadería era, por ejemplo: $ 100, el precio modificado con el 20 % de aumento será $ 120. Descontando a este precio el 20% prometido por el comerciante, o sea $ 24, resulta $ 96 como precio neto. El descuento efectivo es, pues, 100 - 96. O sea, 4 en 100.*

26. *Designemos con L, C, R, el lobo la cabra y el repollo, respectivamente. Al partir, tenemos.*

PRIMERA ORILLA   SEGUNDA ORILLA

L   C   R   .   .   .

A continuación, indicamos cómo deberá el barquero efectuar los sucesivos   pasajes:

1. Transportará primeramente la cabra.

L   .   R   .   C   .

2. En un segundo viaje transportará al lobo, pero regresará con la cabra, dejará a ésta en la primera orilla y transportará al repollo.

.   C   .   L   .   R

3. Regresará finalmente para transportar la cabra.

.   .   .   L   C   R

Nota: Otra solución se obtiene si en el pasaje 2, en lugar de transportar primeramente al lobo y luego al repollo, se transportará primeramente al repollo y luego al lobo.

27. *¿Cómo debe comprenderse las palabras "moverse alrededor de un objeto"? Su sentido puede ser doble: movimiento por una línea cerrada en cuyo interior se halla el objeto; la otra moverse respecto de un objeto que se le vea por todos los lados. De tal manera que, si aceptamos la primera, efectivamente la Tierra ha dado vueltas alrededor del sol; manteniendo la segunda, la Tierra no ha dado una sola vuelta a su alrededor. Si se comprenden los términos y se habla el mismo lenguaje, se tiene la respuesta.*

28. *No se puede considerar que $ 800 se pague por 8 leños, a $ 100 por leño. Este dinero se pagó por un tercio de los ocho leños, puesto que el fuego fue utilizado por los tres, en igual medida. De aquí se desprende que los 8 leños fueron valuados en 8 x300 = $ 2.400, y el valor de un leño es de $ 300. Ahora es fácil comprender cuanto le toca a cada una. A Isabel, por sus cinco leños le corresponde $ 1.500, pero ella también se sirvió de la fogata por $ 800, en consecuencia, le queda cobrar $ 1.500 - $ 800 = $700; y si se resta de $ 800 = $ 100. De tal manera que la repartición correcta será: María $ 100 y la vecina Isabel $ 700.*

29. *Ambos contaron el mismo número de transeúntes.*

275

30. *El abuelo nació en 1866 y en 1932 tenía 66 años. El nieto en 1932 tenía 16 años, esto es, había nacido en 1916. Así ambos tenían en 1932 tantos años como señalaban las dos últimas cifras de sus respectivos años de nacimiento.*

31. *En cada una de las 25 estaciones los pasajeros pueden pedir ticket para los 24 puntos diferentes. El número entonces será 25 x 24 = 600. Si los pasajeros desean boletos no sólo de ida sino de "ida y vuelta", el número de boletos diferentes será de 1200.*

32. *La distribución era: montón I = 22, montón II = 14, montón III = 12.*

33. *De la madre que deja ½ el hijo tomaría ¼, el esposo 1/8, y luego la hija 1/8 x 3/5 = 3/40. Si treinta centímetros constituyen los 3/40 de la longitud inicial, la longitud total sería 30/ (3/40) = 400 cm., esto es 4 m.*

34. *Los guantes no solo se distinguen por el color, sino porque la mitad son de la mano derecha y la otra de la izquierda. Hará falta entonces sacar 21 guantes. Si se saca menos puede suceder que los 20 (por ejemplo), sean de una mano 10 cafés y 10 negros de la mano izquierda.*

35. *Para recorrer todo el camino el viejo emplea 10 minutos más que el joven. Si el viejo saliera 10 minutos antes que el joven, ambos llegarían a la fábrica a la vez. Si el viejo ha salido solo cinco minutos antes, el joven lo alcanzará precisamente a mitad del camino, en 20 minutos.*

36. *Si planteamos por ejemplo 3 (X x3) - 3 (X x3) = X y despejamos X, se tiene X = 18. Esa es la respuesta.*

37. *Pablo tiene 32 y su hijo 16 años.*

38. *Solución:*

$$
\begin{array}{r}
415 \\
\times\ 382 \\
\hline
830 \\
3320
\end{array}
$$

~~1245~~
158530

39. *Solución:*

```
     325
  x  147
  ───────
   2 2 75
  1 3 0 0
  3 2 5
  ───────
  4 7 7 7 5
```

40. *Solución:*

```
   52650    / 325
    325
   ──────
   2015
    1950
   ──────
     650
     650
```

41. *Solución:*

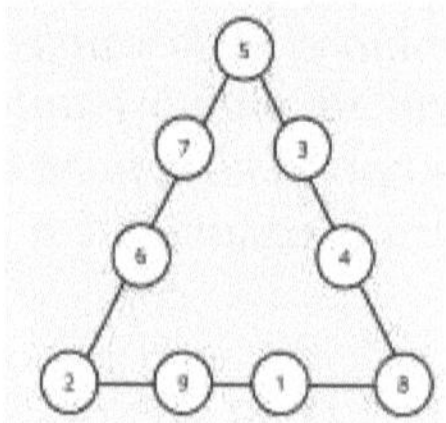

42. *Solución:*

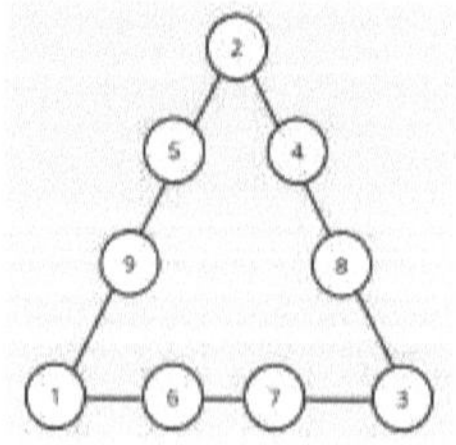

43. *Solución:*

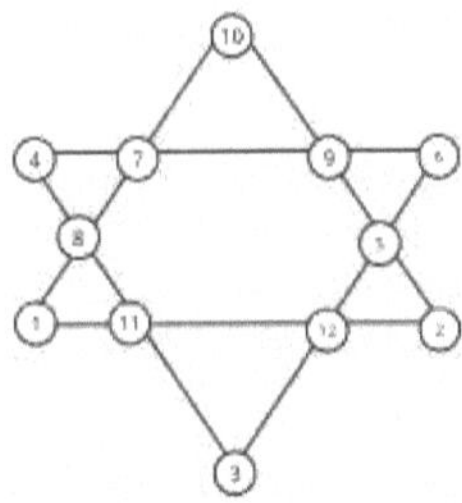

44. *Que sea 1 kg. es una equivocación, pues el bloque no es sólo cuatro veces más corto, sino que también es cuatro veces más estrecho y cuatro veces más bajo, por lo tanto, su volumen y su peso son: 4x4x4 = 64 veces menores. La respuesta correcta es: el bloque de juguete pesa 4000g/64 = 62,5g.*

45. *En virtud de que las figuras humanas son aproximadamente semejantes, entonces al ser la estatura dos veces mayor, su volumen será no el doble, sino 8 veces mayor. Esto quiere decir que el gigante del caso será 8 veces más pesado que el enano.*

46. *El volumen de la piña mayor supera al de la menor 11/4 x 11/4 x 11/4 = 125/64 veces, casi el doble. Por consiguiente, es más ventajoso comprar la piña mayor. Esta piña es vez y media más cara, pero en cambio, la parte comestible es dos veces mayor.*

47. *De las condiciones se deduce que el diámetro del obito es 3 veces mayor que el diámetro de la pepa; lo que significa que el volumen del obito es 27 veces mayor que la pepa (3x3x3). A la pepa le corresponde 1/27 del volumen del obito, a la parte carnosa el 26/27. Por lo tanto, el volumen de la de la parte carnosa del obito es 26 veces mayor que el de la pepa.*

48. *La criatura expuesta al frio debe sentir más frío que lu udullu, si ambas van igualmente abrigadas. Puesto que la cantidad de calor que se origina en cada cm³ del cuerpo es en ambas idénticas. Sin embargo, la superficie del cuerpo que se enfría correspondiente a 1 cm³ es mayor en la criatura que en el adulto.*

49. *En la caja hay cinco escarabajos y tres arañas. Vale recordar que el escarabajo tiene 6 patas y la araña 8.*

50. *El vendedor se refiere a la cesta con 29 huevos. La cesta con los números 23, 12 y 5 contenían huevos de gallina. Los de pato en las cestas con los números 14 y 6 (total 20).*

51. *No se trata de cuatro personas, si no de tres: abuelo, hijo y nieto. El abuelo le dio al hijo $150.000 y esté de ese dinero le entrega al nieto $ 100.000 (es decir, a su hijo); con lo cual sus propios ahorros aumentaron sólo en $50.000.*

52. *Una de las fichas puede ponerse en cualquiera de las 64 casillas, la otra en cualquiera de las 63 casillas restantes. En total serían 64 x 63 = 4032 posiciones distintas.*

53. *Posibles soluciones:*

$$1 \ \ 337 \ \ 174 \ / \ 943 \ = \ 1418$$
$$1 \ \ 343 \ \ 784 \ / \ 949 \ = \ 1416$$
$$1 \ \ 200 \ \ 474 \ / \ 846 \ = \ 1419$$
$$1 \ \ 202 \ \ 464 \ / \ 848 \ = \ 1418$$

54. *Solución:* $\qquad 7\,375 \ \ 428 \ \ 413 \ / \ 12\,5473 = 58781$

55. *En un metro cuadrado hay un millón de milímetros cuadrados. Cada mil milímetros, uno junto a otro, constituyen un metro. Mil millares formarán mil metros. La línea entonces tendrá un kilómetro de longitud.*

56. *La columna se elevaría 1000 kilómetros.*

57. *Se multiplica 89.4 g. por un millón y tenemos 89.4 kg. Pues como una tonelada es mil veces mayor que un kilogramo; el peso buscado será 89.4 toneladas.*

58. *Solución:*

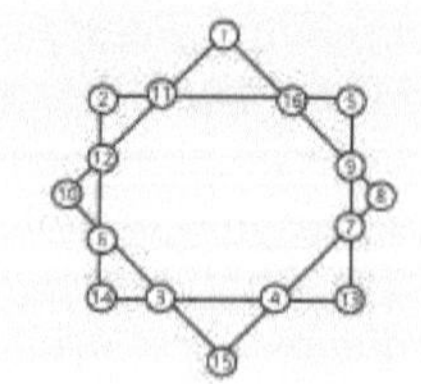

59. *Solución:*

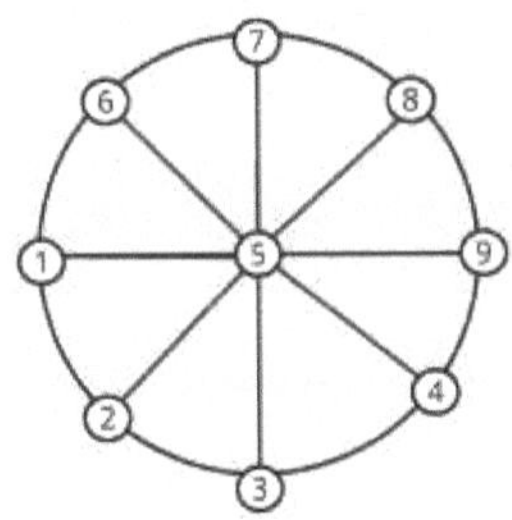

60. *Si las personas forman un hexágono se resuelve el problema.*

61. *Solución:*

$$79\ 16$$
$$\underline{47\ 02}$$
$$12618$$

62. *Son en total trece operaciones; así:*

161	16	10	10	4	4	15	15	9	9	3	3	14	14	8
111	0	0	6	6	11	0	1	1	7	7	11	0	2	2
61	0	6	0	6	1	1	0	6	0	6	2	2	0	6

63. *Gracias a esa frase salió inocente. Pues si el acusado fuese de los que siempre dicen la verdad no habría cometido el crimen; pues el criminal sería efectivamente un mentiroso y si el acusado fuese un mentiroso, tampoco habría cometido el crimen, porque el autor sería alguien que siempre dice la verdad.*

64. *Tirso, el comerciante se sienta al inicio; a su izquierda el profesor Pedro, y el bibliotecario Marcelo. Al otro lado se ubica Juan. El asesino solo puede ser el que está al lado de Juan; el bibliotecario Marcelo.*

65. *Solución:*

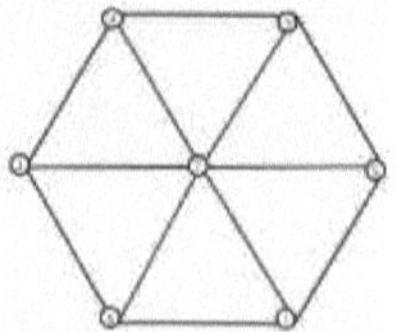

66. *Solución:*

4	4	4	4
3	3	3	3
2	2	2	2
A	A	A	A

67. *Bastará con que saque un tubérculo siempre que sea de la bolsa con el rótulo papas y zanahoria. Si sustrae una papa, sabría que esa es la bolsa de las papas, y por lo tanto la que tiene el rótulo papas es la de zanahorias. El raciocinio sería el mismo si sacara una zanahoria.*

68. *Solución: 56 soldados son casados.*

69. *Solución: Pedro, Luis, Martín, Pablo, Alfonso, Jacinto, Javier, José, Juan, Daniel, Esteban, y Adriano.*

70. *Solución:*

$$52\ 6485$$
$$+\ 19\ 7485$$
$$72\ 3970$$

71. *Solución:*

   a) *4 -1*
   b) *14 - 16*
   c) *15 - 11*

72. *Solución:*

   a) 3   b) 14   c) 65

73. *Si anexamos a los 35 camellos uno más se tendrá la solución que a los tres hermanos resulta conveniente: 18 al primero, 12 al segundo y al 4 al tercero; sumando 34. Aquel que anexa el camello se quedaría con uno adicional. Todos satisfechos con la seguridad de que fue hecha la división con justicia y equidad.*

74. *Una diferencia de $100.000 en el precio de venta corresponde al 15% en el precio de hospedaje. Si $ 200.000 se paga $ 350; si $ 100.000 se paga $ 200, si la diferencia es $100.000 se paga $150), de tal manera que se busca el aumento del hospedaje cuando la venta de joyas aumenta en $40.000. Si la diferencia fuera $20.000 (1/5 de $ 100.000), el aumento del hospedaje sería de 3%, pues 3 es un quinto del 15%. Para $40.000 el doble de $20.000 será de 6. El pago que corresponde es en consecuencia $260.*

75. *Al primero se le entrega: 3 vasijas llenas, 1 media llena y 3vacías. Al segundo: 2 llenas, 3 medio llenas y 2 vacías. Al tercero: 2 llenas, 3 medio llenas. y 2 vacías.*

76. *La cuenta se debe hacer de otro modo: $ 25 para el pago al restaurante, $ 3 devueltos de los comensales y $ 2 al salonero. Pues de los $ 27 pagados (9 x3); $ 25 quedaron para el restaurante y $ 2 de propina.*

77. *Si A fija el precio de 7 manzanas por $ 100, vende 49 de las 50 manzanas x $ 700 quedándose con una. Como B tenía que vender las suyas a ese precio vende 28 manzanas por $ 400, quedándose con 2 manzanas. Y C vende 7 manzanas por $ 100. En una segunda etapa del negocio: A decide vender la manzana que le queda por $300. B vende las 2 manzanas que le quedaron por $ 600 y C las tres que le quedaron por $ 900. De esa manera cada una de las hermanas recibe la misma cantidad de dinero $ 1000.*

78. *Si el número de monedas es más de 200 y menos de 300, tomemos por ejemplo 241. Si esto es así el reparto se realizó:*

   Primer Marinero: 80 + 23 = 103
   Segundo Marinero: 53 + 23 = 76

Tercer Marinero: 35 + 23 = 58
Oficial: 1
Arrojadas al mar: ____3
                                          241

Pues el reparto último que hizo el oficial debió ser de 70 monedas (70/3 = 23) y una que él tomó como pago.

79. *Las perlas eran 36 y tenían que ser divididas entre 6 personas. Se razona así: la primera recibe una perla y un séptimo de 35; 5. Esto es recibe 6 perlas y quedan 30. La segunda recibe 2 y un séptimo de 28 que es 4; entonces recibe 6 y deja 24. La tercera recibe 6 y deja 18. La cuarta recibe 6 y deja 12. La quinta 6 y la sexta 6 perlas.*

80. *El primer sabio compró aserrín por esa cantidad y llenó la sala completamente. El segundo sabio compró vela y fósforos, la encendió y la llenó de luz. El tercero tomó un puñado de aserrín de la primera sala y lo quemó con la vela de la segunda sala, y con el humo se llenó toda la sala.*

81. *Como había 5 discos 3 blancos y dos negros. El primero se equivoca al ver los discos de sus competidores, pues estaba inseguro ya que debió observar dos blancos, o uno negro y otro blanco. Si hubiese visto dos discos negros hubiese dicho que otro era blanco; si hubiese visto dos discos negros hubiese dicho que el suyo era forzosamente blanco y acertaba. Pero se equivocó. De acuerdo con la primera posibilidad el tercer sabio reflexionó (mi disco es blanco). Con la segunda posibilidad; dijo el tercer sabio: si el disco negro lo hubiese tenido yo, el segundo competidor hubiese acertado. Pues este segundo hubiese pensado: veo que el tercer competidor lleva un disco negro si el mío es también negro; el primero al ver los dos discos negros no se hubiese equivocado; luego si se equivocó significa que "mi disco es blanco". Pero este también se equivocó, pues dudo porque en el tercer competidor no vio un disco negro sino uno blanco. De acuerdo con esta segunda posibilidad; el tercer competidor consecuentemente tenía la certeza de que su disco era blanco.*

82. *Al formular la primera pregunta el sabio comprendía que fatalmente la respuesta sería: "mis ojos son negros" tanto si los tuviera o no. Asunto que sabía, aunque la candidata le respondiera en un idioma que no entendía. La segunda al responder que la primera había dicho: "mis ojos son azules", mentía, pues en ningún caso podía ser*

esa la respuesta de la primera. De tal manera que, con respecto a la segunda, con certeza el sabio descubrió que tenía ojos azules. La tercera al responderle que la primera tenía ojos negros y la segunda azules, no mentía, pues confirmaba lo que el sabio descubrió. Si la tercera no mentía, sus ojos eran negros y la primera también tenía los ojos negros. Fácilmente se deduce que las dos últimas, por exclusión, a semejanza de la segunda tenían los ojos azules.

83. *El secretario dijo la verdad eran 40. La razón: puesto que hay veraces y mentirosos, eso significa que hay en la mesa un número par de personas, 37 no es par, por lo tanto, es mentira.*

84. *Son falsas las igualdades b y e. Por tanto, la afirmación que dice que hay tres errores es falsa también y es el tercer error.*

85. *Cero, pues si hay tres cartas correctas, la cuarta por necesidad también lo estará.*

86. *Tres manzanas.*

87. *En ninguna parte, se trata de un error. García no pago $ 120 sino $ 130 que sumados a los $ 20 que se robó el botones, suman los $ 150 originales.*

88. *Cada rueda se utilizó 4/5 partes del tiempo total de los 5000 km., es decir 4000 km.*

89. *Vivió 79 años, porque el año cero no se cuenta.*

90. *Un reloj que da la hora exacta una vez por año, pues un reloj para que sea puntual dos veces por día se necesita verlo en el momento exacto en que, de puntualmente la hora, pero ¿cómo saber en qué momento? Evidentemente se necesitaría otro reloj.*

91. *Tiene 20 años.*

92. *Son ciento cuarenta y dos ramas.*

93. *Quien dio cinco panes debe recibir siete monedas y quien dio tres debe recibir una. La razón es que cada pan debe dividirse para tres, pues eran tres los que se comieron. En total hubo 8 panes, esto es, 24 pedazos para tres, entonces cada uno comió 8 pedazos. El que dio*

cinco panes aportó con 15 pedazos, menos 8 que se comió, 7 pedazos. El otro, 9 pedazos menos 8 que él comió, esto es, puso un solo pedazo.

94. *El dueño tiene un león, una foca, un águila.*

95. *Nunca.*

96. *Pierde $ 20 y un bolígrafo.*

97. *Vale 8*

98. *En el momento en que se cruzan ambos trenes están a igual distancia.*

99. *Dos días, porque el primer tomo se pone siempre a la izquierda y el segundo a la derecha, de forma que las partes en contacto son el principio del primer tomo y el final del segundo.*

100. *Son 100 km.*

101. *Tienen 5 y 7 nueces.*

102. *En total serán 754 (2- 4 -10 - 16 - 26 - 42- 68 - 110 - 178 - 208 - 466 - 754).*

103. *Se debe subir en el último vagón. Como el tren aumenta progresivamente su velocidad al salir de la estación, el vagón de cola entrará en el túnel más rápidamente que el vagón de adelante; por lo tanto, permanecerá menos tiempo en el túnel.*

104. *La abuelita tiene 3 nietos.*

105. *Se abre la caja BN. Si vemos una bola blanca esa contiene dos bolas blancas. La caja BB no puede contener sino dos bolas negras; pues si contuviera una negra y una blanca la caja NN llevaría la etiqueta adecuada, lo cual es contrario a lo dicho.*

Si en cambio se ve una bola negra, esa contiene dos bolas negras; etc.

106. *Uno de los buenos vive en Quito y el otro en Guayaquil, a igual distancia del estafador. El tercero vive más cerca a éste. No es Raúl quien vive en Guayaquil ni tampoco Martín cuyo número de hijos no* *es divisible para tres. Es pues José, Martín vive en Quito y el estafador se llama igualmente Martín. El ladrón no puede ser Martín ni José que le gana una partida de villar. Se llama Raúl y por lo tanto el falsificador es José.*

107. *El número de hermanos es 4, el de hermanas es 3, el número de hermanos y hermanas es 7.*

108. *Cuando la persona es interrogada es el 1 de enero y el cumpleaños es el 31 de diciembre, el día anterior tenía 19 años. Tendrá 21 años el 31 de este año, y 22 años a fines del año próximo.*

109. *El valor es 5445.*
Pues D = C - 1; C = A - B; A - B = 5. Luego C = 5 y D = 4

110. *Solución: 179 por 224 = 40096.*

BIBLIOGRAFÍA

Flores-Tapia, C. (1994). *Destrezas del pensamiento*. FC-Producciones.

Flores-Tapia, C. (1998). *Desarrollo del pensamiento*. FC-Producciones.

Gaarder, J. (1999). *El mundo de Sofía* (38th ed.). Ediciones Siruela. https://rincondepitagoras.sytes.net/web/libros/cultura/3A.37261 3811-El-Mundo-de-Sofia.pdf

García, J. (1986). *Matemática recreativa*. Multigráficas.

Grijalva, J. (1995). *La lógica contraataca*. Colegio Metropolitano.

Lipman, M. (1989). *Mark*. Editorial de la Torre.

Niño, J. (1996). *La alegría de querer*. Editorial Panamericana.

Orman, W. (1972). *Lógica matemática*. Ruan S.A.

Perelmán, Y. (1985). *Matemáticas recreativas*. Editorial Mir.

Suppes, P., & Hill, S. (1986). *Introducción a la lógica matemática*. Editorial Reverté.

Tahan, M. (1976). *El hombre que calculaba*. Editorial Vosgos.

Zubiría, J. (2011). *Los modelos pedagógicos* (2nd ed.). Magisterio - Docta ediciones.

Zubiría, M., & Zubiría, A. (1994). *Operaciones intelectuales y creatividad*. Fundación Alberto Merani.

Printed by Books on Demand GmbH, Norderstedt / Germany